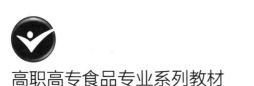

高职高专食品专业系列教材

畜产品
检测技术

马兆瑞　郭焰　主编
逯家富　主审

XUCHANPIN
JIANCE JISHU

化学工业出版社
·北京·

内 容 简 介

《畜产品检测技术》结合我国畜产品质量检测现状、发展趋势以及行业的最新有关标准，紧密围绕国家职业技能鉴定的相关行业职业资格证书考试内容，严格按照高等职业教育食品和农产品质量检测类专业人才培养目标编写。本书注重实践技能的培养，内容包括乳与乳制品检测和肉与肉制品检测两大部分，主要介绍与畜产品检测技能培训有关的实践教学内容。乳与乳制品检测部分分为乳制品检测基础知识、乳制品感官评鉴、乳和乳制品中营养成分检测、乳和乳制品的理化质量控制、乳和乳制品的微生物质量控制。肉与肉制品检测部分分为肉与肉制品的取样与感官检验、肉与肉制品理化质量控制、肉与肉制品微生物质量控制。本书配有丰富的数字化资源，可扫描二维码观看学习；电子课件可登录 www.cipedu.com.cn 下载参考。

本书可作为高职高专院校食品营养与健康、食品质量与安全、食品贮运与营销、食品智能加工技术、食品检验检测技术等专业的教材和参考书，也可以作为从事食品检测和农副产品检测等领域工作的科研人员和从业人员的参考资料。

图书在版编目（CIP）数据

畜产品检测技术/马兆瑞，郭焰主编 . —北京：
化学工业出版社，2021.7
高职高专食品专业系列教材
ISBN 978-7-122-38800-1

Ⅰ.①畜… Ⅱ.①马…②郭… Ⅲ.①畜产品-食品
检验-高等职业教育-教材 Ⅳ.①TS251

中国版本图书馆 CIP 数据核字（2021）第 053431 号

责任编辑：迟 蕾 李植峰　　　　　　　　文字编辑：邓 金 师明远
责任校对：刘曦阳　　　　　　　　　　　　装帧设计：王晓宇

出版发行：化学工业出版社（北京市东城区青年湖南街 13 号　邮政编码 100011）
印　　刷：北京京华铭诚工贸有限公司
装　　订：三河市振勇印装有限公司
787mm×1092mm　1/16　印张 13　字数 316 千字　　2021 年 10 月北京第 1 版第 1 次印刷

购书咨询：010-64518888　　　　　　　　售后服务：010-64518899
网　　址：http：//www.cip.com.cn
凡购买本书，如有缺损质量问题，本社销售中心负责调换。

定　　价：42.00 元

　　高等职业教育培养的是高素质技术技能型人才，他们除应具备必需的专业知识外，更应具有较强的实践能力。

　　本书结合我国畜产品质量检测现状、发展趋势以及行业的最新有关标准，紧密围绕国家职业技能鉴定的相关行业职业资格证书考试内容，严格按照高等职业教育食品和农产品质量检测类专业人才培养目标编写。本书考虑到乳制品检测与肉制品检测各成体系，因此分为乳与乳制品检测、肉与肉制品检测两个部分，在编写结构上重点考虑技术应用性实训，并紧密联系实际，结合当前生产过程中的行业最新标准、新技术、新方法，力求做到技术应用性强、内容新。本书还充分考虑到国家职业技能鉴定的要求，可以作为职业技能鉴定培训辅助教材。

　　本书由杨凌职业技术学院马兆瑞、新疆轻工职业技术学院郭焰担任主编，负责全书的框架结构。杨凌职业技术学院刘伟、西安市奶牛育种中心秦立虎、新疆轻工职业技术学院余永婷担任副主编，负责全书的统稿任务。西安银桥乳业（集团）有限公司检测中心张彩红、新疆轻工职业技术学院谢琼参编。具体编写任务如下：西安市奶牛育种中心秦立虎编写检测工作一项目一～项目五，杨凌职业技术学院刘伟编写项目六～项目十二，杨凌职业技术学院马兆瑞编写项目十三～项目十八，西安银桥乳业（集团）有限公司检测中心张彩红编写项目十九～项目二十一。新疆轻工职业技术学院郭焰编写检测工作二项目一、二、九、十，新疆轻工职业技术学院余永婷编写项目三～项目五，新疆轻工职业技术学院谢琼编写项目六～项目八。

　　本书的课件制作由杨凌职业技术学院刘伟完成，视频拍摄由陕西秦龙乳业集团有限公司杜管利和西安市奶牛育种中心秦立虎完成，实验验证由杨凌职业技术学院张小宁完成。

　　本书在编写过程中得到了全国食品工业职业教育教学指导委员会以及编者所在单位的大力支持，谨在此一并表示感谢！

　　由于时间和编者水平有限，疏漏之处在所难免，恳请读者批评指正！

编者
2020 年 11 月

目录
CONTENTS

目录
CONTENTS

目录
CONTENTS

目录
CONTENTS

目录
CONTENTS

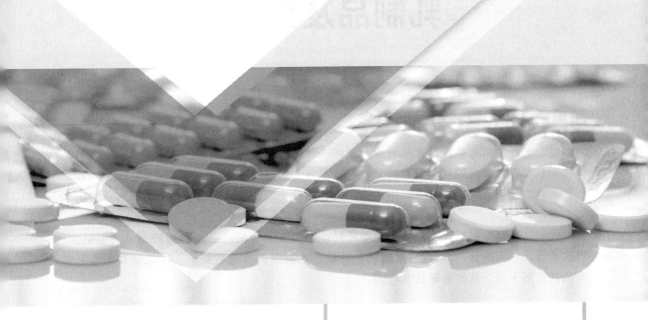

检测工作一

乳与乳制品检测

项目一

乳制品及其性质

知识点 1 乳和乳制品的概念

乳是哺乳动物为哺育幼儿从乳腺分泌的一种白色或稍带黄色的不透明液体，它含有幼小动物生长发育所需要的全部营养成分，包括水分、蛋白质、脂肪、碳水化合物、无机盐、维生素、酶类、多种微量成分等，因动物种类、品种、所处泌乳阶段、饲养管理方法等因素不同而有所变化。

乳制品是以生鲜牛（羊）乳为主要原料，经加工制成的产品。包括液态乳（包括生乳、巴氏杀菌乳、灭菌乳）、炼乳、发酵乳、乳粉、乳脂制品（包括奶油、稀奶油和无水奶油）、干酪和再制干酪、其他乳制品几大类。

知识点 2 乳的化学组成

一般把牛乳的组成分为水分和乳固体两大部分。牛乳中水分约占 87%，除水之外的物质称乳固体，含量约占 13%，其中脂肪约为 3.30%～4.00%、蛋白质约为 2.80%～3.50%、乳糖约为 4.5%～5.0%、无机盐约为 0.80%。各种动物乳的主要成分及平均含量见表 1-1。

表 1-1　各种动物乳的主要成分及平均含量（质量分数）　　　　　　单位：%

动物	总蛋白质	酪蛋白	乳清蛋白	脂肪	碳水化合物	无机盐
人	1.2	0.5	0.7	3.8	7.0	0.2
马	2.2	1.3	0.9	1.7	6.2	0.5
牛	3.5	2.8	0.7	3.7	4.8	0.7
水牛	4.0	3.5	0.5	7.5	4.8	0.7
山羊	3.6	2.7	0.9	4.1	4.7	0.8
绵羊	5.8	4.9	0.9	7.9	4.5	0.8

1. 乳中的水分

牛乳中的水分是由乳腺细胞分泌的，它溶有牛乳中的各种物质。乳中的水主要以两种形式存在：一种是结合水，结合水与蛋白质、乳糖以及某些盐类结合存在，不具有溶解其他物质的作用，当乳达到冰点时并不冻结；另一种是游离水，它在牛乳水分中含量较大，牛乳的许多理化过程和生物学过程均与游离水有关，当乳达到冰点时游离水即冻结。

2. 乳脂肪

乳脂肪中 97%~98% 为甘油三酯,其他为甘油二酯、单甘油酯、游离脂肪酸、胆固醇、磷脂及脂溶性维生素等。乳中的脂肪以脂肪球的形式均匀分布在乳汁中。脂肪球的外面包有一层蛋白质薄膜,具有保持乳浊液稳定的作用,静止时即使脂肪球上浮分层,仍能保持脂肪球的分散状态。牛乳在遭到强烈振荡或不规则快速搅拌时,脂肪球膜被破坏,脂肪球就会聚结、粘连在一起析出。脂肪易受环境(光、热、氧气)的影响被氧化。被微生物污染后,则分解成各种脂肪酸并产生臭味。

3. 蛋白质

牛乳中最主要的蛋白质有三种:酪蛋白约占总量的 79.5%,乳清蛋白约占 19.3%,少量的脂肪球膜蛋白约占 1.2%。蛋白质是膳食中的基本成分,摄入的蛋白质在消化道和肝脏内被分解成小分子化合物,这些化合物接着被转送到体细胞中作为结构物质而成为身体本身的蛋白质。

4. 乳糖

乳糖是一种仅存于哺乳动物乳汁中的双糖,由一分子 D-葡萄糖和一分子 D-半乳糖缩合而成,牛乳的甜味完全来自乳糖。乳糖可提供热量,乳糖受肠道中乳酸菌的作用会分解成葡萄糖和半乳糖,而半乳糖则是形成脑神经中糖脂的主要物质,所以在婴儿生长发育旺盛期,乳糖对婴儿的智力发育非常重要。乳糖还可以被乳酸菌进一步转化成乳酸等物质,乳酸则可促进钙的吸收。

5. 无机盐

乳汁中含有人体所需要的各种无机盐,包括磷、钙、镁、氯、钠、硫、钾等。其含量虽少,但在营养上却有重要的作用。

6. 维生素

牛乳中含有脂溶性维生素 A、维生素 D、维生素 E、维生素 K;水溶性维生素 B_1、维生素 B_2、维生素 B_6、维生素 B_{12}、维生素 C、烟酸、泛酸、维生素 H、叶酸等。

7. 酶

乳中存在各种酶,如过氧化物酶、还原酶、解脂酶、乳糖酶等。

知识点 3　乳的物理性质

1. 乳的色泽、气味及组织状态

(1) 色泽　新鲜乳是一种乳白色、白色或微黄色,不透明的胶性液体。乳的白色是由脂肪球、酪蛋白钙、磷酸钙等对光的反射和折射产生的,白色以外的颜色是由一些色素物质决定的,如核黄素、胡萝卜素等。如有其他色泽的,均为异常乳。

(2) 气味　乳中存有挥发性脂肪酸及其他挥发性物质,所以牛乳含有一种特殊的乳香,牛乳具有很强的吸附性,很容易吸收外界的各种气味,是集微甜、酸、咸、苦四种风味的混合体,其中微甜是因乳中含有乳糖,酸味来自乳中柠檬酸和磷酸,咸味由氨基酸形成,苦味由镁和钙形成。

(3) 组织状态　正常牛乳组织状态应均匀一致,呈均匀的胶态流体,不得有沉淀、凝

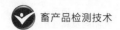

块、黏稠物、杂质和异物，尤其是不得有肉眼可见的外来异物（如豆渣、牛粪、昆虫等）。

2. 乳的相对密度

乳的相对密度指在 20℃时一定体积乳的质量与同体积水在 4℃时的质量比，为无量纲量。正常乳的相对密度平均为 1.032。乳的相对密度由乳中非脂肪固体所决定，因此乳成分的变化也影响相对密度。除此之外，乳的相对密度随温度而变化。

3. 乳的冰点

牛乳的冰点一般为 −0.565～−0.525℃。一旦乳中加入水，冰点会升高，因此可以根据冰点上升情况计算出大致的掺水量。

4. 乳的折射率和电导率

乳的折射率是乳中以水作为溶剂的各种溶质折射率总和。通常牛乳的折射率为1.3470～1.3515。掺水牛乳折射率降低。乳中含有电解质而能传导电流，当乳中氯离子含量增高或乳糖减少时，乳的电导率增大。乳房炎乳中钠、氯离子增多，电导率增大，故可用电导仪进行乳房炎的快速检测。

5. 酸度

牛乳的酸度是评价牛乳质量的一项重要指标。乳的酸度通常用吉尔涅尔度表示，符号为°T。测定时取 10mL 牛乳，用 20mL 蒸馏水稀释，加酚酞指示剂，然后用 0.1mol/L 氢氧化钠溶液滴定，按所消耗氢氧化钠溶液的体积（mL）表示，消耗 0.1mL 为 1°T。正常牛乳的酸度由于乳的品种、饲料、挤乳方法和乳牛泌乳期的不同而有差异，但一般均在 16～18°T之间。如果牛乳存放时间过长，细菌繁殖可致牛乳的酸度明显增高。如果乳牛健康状况不佳，患急、慢性乳房炎等，则可使牛乳的酸度降低。

项目二

乳制品质量标准

知识点 1　乳制品标准体系

根据《食品安全法》《乳制品工业产业政策》《乳品质量安全监督管理条例》《奶业整顿和振兴规划纲要》等规定，经第一届食品安全国家标准审评委员会审查，卫生部于 2010 年 3 月 26 日公布了 GB 19301—2010《食品安全国家标准　生乳》等 66 项乳品安全国家标准。乳品安全国家标准包括乳品产品标准 15 项、生产规范 2 项、检验方法标准 49 项，但部分标准在 2018 年《食品安全法》修正后更新，其编号和名称如下：

GB 19301—2010《食品安全国家标准　生乳》

GB 19645—2010《食品安全国家标准　巴氏杀菌乳》

GB 25190—2010《食品安全国家标准　灭菌乳》

GB 25191—2010《食品安全国家标准　调制乳》

GB 19302—2010《食品安全国家标准　发酵乳》

GB 13102—2010《食品安全国家标准　炼乳》

GB 19644—2010《食品安全国家标准　乳粉》

GB 11674—2010《食品安全国家标准　乳清粉和乳清蛋白粉》

GB 19646—2010《食品安全国家标准　稀奶油、奶油和无水奶油》

GB 5420—2010《食品安全国家标准　干酪》

GB 25192—2010《食品安全国家标准　再制干酪》

GB 10765—2010《食品安全国家标准　婴儿配方食品》

GB 10767—2010《食品安全国家标准　较大婴儿和幼儿配方食品》

GB 10769—2010《食品安全国家标准　婴幼儿谷类辅助食品》

GB 10770—2010《食品安全国家标准　婴幼儿罐装辅助食品》

GB 12693—2010《食品安全国家标准　乳制品良好生产规范》

GB 23790—2010《食品安全国家标准　粉状婴幼儿配方食品良好生产规范》

GB 5009.6—2016《食品安全国家标准　食品中脂肪的测定》

GB 5413.5—2010《食品安全国家标准　婴幼儿食品和乳品中乳糖、蔗糖的测定》

GB 5413.6—2010《食品安全国家标准　婴幼儿食品和乳品中不溶性膳食纤维的测定》

GB 5009.82—2016《食品安全国家标准　食品中维生素 A、D、E 的测定》

GB 5009.158—2016《食品安全国家标准　食品中维生素 K_1 的测定》

GB 5009.84—2016《食品安全国家标准　食品中维生素 B_1 的测定》

GB 5009.85—2016《食品安全国家标准 食品中维生素 B_2 的测定》

GB 5009.154—2016《食品安全国家标准 食品中维生素 B_6 的测定》

GB 5413.14—2010《食品安全国家标准 婴幼儿食品和乳品中维生素 B_{12} 的测定》

GB 5009.89—2016《食品安全国家标准 食品中烟酸和烟酰胺的测定》

GB 5009.211—2014《食品安全国家标准 食品中叶酸的测定》

GB 5009.210—2016《食品安全国家标准 食品中泛酸的测定》

GB 5413.18—2010《食品安全国家标准 婴幼儿食品和乳品中维生素 C 的测定》

GB 5009.259—2016《食品安全国家标准 食品中生物素的测定》

GB 5009.13—2017《食品安全国家标准 食品中铜的测定》

GB 5009.14—2017《食品安全国家标准 食品中锌的测定》

GB 5009.90—2016《食品安全国家标准 食品中铁的测定》

GB 5009.91—2017《食品安全国家标准 食品中钾、钠的测定》

GB 5009.92—2016《食品安全国家标准 食品中钙的测定》

GB 5009.241—2017《食品安全国家标准 食品中镁的测定》

GB 5009.242—2017《食品安全国家标准 食品中锰的测定》

GB 5009.268—2016《食品安全国家标准 食品中多元素的测定》

GB 5009.87—2016《食品安全国家标准 食品中磷的测定》

GB 5009.267—2016《食品安全国家标准 食品中碘的测定》

GB 5009.44—2016《食品安全国家标准 食品中氯化物的测定》

GB 5009.270—2016《食品安全国家标准 食品中肌醇的测定》

GB 5009.169—2016《食品安全国家标准 食品中牛磺酸的测定》

GB 5009.168—2016《食品安全国家标准 食品中脂肪酸的测定》

GB 5413.29—2010《食品安全国家标准 婴幼儿食品和乳品溶解性的测定》

GB 5413.30—2016《食品安全国家标准 乳和乳制品杂质度的测定》

GB 5009.2—2016《食品安全国家标准 食品相对密度的测定》

GB 5009.239—2016《食品安全国家标准 食品酸度的测定》

GB 5009.83—2016《食品安全国家标准 食品中胡萝卜素的测定》

GB 5413.36—2010《食品安全国家标准 婴幼儿食品和乳品中反式脂肪酸的测定》

GB 5009.24—2016《食品安全国家标准 食品中黄曲霉毒素 M 族的测定》

GB 5413.38—2016《食品安全国家标准 生乳冰点的测定》

GB 5413.39—2010《食品安全国家标准 乳和乳制品中非脂乳固体的测定》

GB 5009.3—2016《食品安全国家标准 食品中水分的测定》

GB 5009.4—2016《食品安全国家标准 食品中灰分的测定》

GB 5009.5—2016《食品安全国家标准 食品中蛋白质的测定》

GB 5009.12—2017《食品安全国家标准 食品中铅的测定》

GB 5009.33—2016《食品安全国家标准 食品中亚硝酸盐与硝酸盐的测定》

GB 5009.93—2017《食品安全国家标准 食品中硒的测定》

GB 5009.28—2016《食品安全国家标准 食品中苯甲酸、山梨酸和糖精钠的测定》

GB 22031—2010《食品安全国家标准 干酪及加工干酪制品中添加的柠檬酸盐的测定》

GB 4789.1—2016《食品安全国家标准 食品微生物学检验 总则》

GB 4789.2—2016《食品安全国家标准 食品微生物学检验 菌落总数测定》

GB 4789.3—2016《食品安全国家标准 食品微生物学检验 大肠菌群计数》

GB 4789.4—2016《食品安全国家标准 食品微生物学检验 沙门氏菌检验》

GB 4789.10—2016《食品安全国家标准 食品微生物学检验 金黄色葡萄球菌检验》

GB 4789.15—2016《食品安全国家标准 食品微生物学检验 霉菌和酵母计数》

GB 4789.18—2010《食品安全国家标准 食品微生物学检验 乳与乳制品检验》

GB 4789.30—2016《食品安全国家标准 食品微生物学检验 单核细胞增生李斯特氏菌检验》

GB 4789.35—2016《食品安全国家标准 食品微生物学检验 乳酸菌检验》

GB 4789.40—2016《食品安全国家标准 食品微生物学检验 克罗诺杆菌属（阪崎肠杆菌）检验》

除此以外，我国还有 66 项乳品行业标准，主要包括相关农业标准和商检标准，而农业标准主要为绿色乳品和无公害乳品标准，商检标准则是关于乳品的进出口标准，其均是对乳品安全国家标准的有力补充。

知识点 2 国际乳与乳制品标准体系

1. ISO 的乳与乳制品标准体系

正式成立于 1947 年 2 月 23 日的国际标准化组织（International Organization for Standardization，ISO）是世界上最大、最具权威性的非政府性国际标准化专门机构。ISO 又分为 224 项不同行业领域的"标准和规范制定技术委员会（Technical Committee，TC）"，各技术委员会又分支为更细的"分技术委员会（Subcommittee，SC）"。与食品产业标准和规范有关的技术委员会主要为 ISO/TC34，TC34 下设 15 项分技术委员会（SC），涉及乳制品、果蔬、谷物、肉蛋等分支，SC5——乳与乳制品分技术委员会主要负责 ISO 乳与乳制品标准的制定。

ISO 目前颁布的乳和乳制品相关标准 177 项，标准按应用范围可分为基础标准、质量检测标准和安全检测标准。其中基础标准 19 项，主要为取样方法、数据记录程序、设备操作说明、方法概述等；质量检测标准 114 项，包含了蛋白质、脂肪、碳水化合物、无机盐、水分、维生素 6 大营养素的检测标准及感官检测标准；安全检测标准 44 项，包含了有害微生物、真菌毒素、添加剂、药物残留、污染物等检测标准。标准按照所覆盖产品分属乳与乳制品综合、液态乳（包括生乳、巴氏杀菌乳、灭菌乳）、炼乳、发酵乳、乳粉、乳脂制品（包括奶油、稀奶油和无水奶油）、干酪和再制干酪、其他乳制品八大类。

2. CAC 的乳与乳制品标准体系

联合国粮农组织（Food and Agriculture Organization，FAO）与世界卫生组织（World Health Organization，WHO）于 1961 年联合成立了"食品法典委员会（Codex Alimentarius Commission，CAC）"，旨在全球范围内就食品法规标准达成共识，保证食品质量和安全，促进食品贸易发展。迄今为止 CAC 制定了食品标准 116 项，并以食品法典（共 13 卷）形式发布。CAC 制定了一系列乳与乳制品标准，主要包括综合主题委员会制定的对所有食品（包括乳与乳制品）的通用原则标准以及 CAC 乳与乳制品法典委员会制定的针对乳与乳制品的标准两大部分。

CAC 乳与乳制品法典委员会的主要任务是制定国际统一的乳与乳制品标准、规范和技术规程，CAC 乳与乳制品法典委员会的秘书处工作由新西兰政府承担，每年召开一次全体会议，讨论乳与乳制品标准及相关问题。截至 2011 年，CAC 乳与乳制品法典委员会已制定出乳与乳制品产品标准（Codex Stan）35 项、指南文件（CAC/GL）2 项，均收录在食品法典第 12 卷中。

3. IDF 的乳与乳制品标准体系

国际乳品联合会（International Dairy Federation，IDF）成立于 1903 年，是世界范围内的行业性组织，办公地点设在布鲁塞尔，有 50 个成员国，覆盖全球 74% 的牛乳产量，是唯一能代表乳品行业利益的、独立的、非营利性的世界级组织，为世界各国乳业发展提供权威、独立的专业意见。中国于 1995 年 9 月 14 日正式加入 IDF，同年在中国组建了 IDF 中国国家委员会并设立秘书处。IDF 每年召开一次年会，每四年举办一次世界乳业大会。IDF 通过 D、E 委员会制定自己的分析方法、产品和其他方面的标准，并直接参与 ISO、CAC 国际标准的制定工作。

ISO、IDF、CAC 三大国际组织在乳与乳制品标准化的领域内相互补充，共同为世界乳类标准的统一提供技术支持。

项目三
乳及乳制品取样

知识点 1　样品的采集

样品的采集又称为采样，是指从大量分析对象中抽取具有代表性的一部分样品作为分析化验样品的过程。

采样是乳品分析检验的第一步工作，它关系到乳品分析的最后结果是否能够准确反映它所代表的整批乳品的性状，这项工作必须非常慎重地进行。不同乳品具有不同质地、不同形状，即便是同一类产品也会因为品种、产地、成熟期、加工条件或保藏方法的不同，其成分含量也有明显的不同，这就要求必须用科学的方法，遵循相应的规则，采用适当的标准，从大量的、成分不均的全部被检乳品中采集能代表被检物质的分析样品，否则即便操作再细心、分析再精确，都不能准确地反映被检对象的真实状况，甚至会得出错误的结论。

1. 采样原则

（1）**代表性**　采集样品能够代表整批被检乳品的性状。

（2）**真实性**　采集样品必须由采集人亲自到实地进行该项工作。

（3）**准确性**　样品采集过程必须科学、细致，避免外来物的进入，同时防止发生乳品营养成分的化学变化。

（4）**及时性**　采集样品要及时送检。

2. 采样步骤

采样一般分为五步进行。

（1）**获得检样**　从大批物料的不同部分抽取的少量物料称为检样。

（2）**得到原始样品**　将检样综合到一起称为原始样品。

（3）**获得平均样品**　从原始样品中按照规定方法进行混合平均，均匀地分出一部分，称为平均样品。

（4）**平均样品三分**　将平均样品分为三份，分别为检验样品、复验样品和保留样品。

（5）**填写采样记录**　包括采样单位、地址、日期、样品的批号、采样条件、采样时的包装情况、数量、要求检验的项目及采样人等。

3. 采样方法

采样通常采用随机抽样和代表性取样两种，具体采样方法因分析对象性质而不同。

（1）**均匀固体样品（如乳粉）**　有完整包装的，可按照总件数 1/2 的平方根确定采样件数，然后从不同堆放部位确定具体采样件数，在每件的上、中、下三层分别取样得到检样；

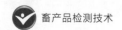

多个检样综合到一起得到原始样品，用四分法缩分到平均样品。四分法是指将原始样品充分混合后堆积在清洁的玻璃板上，压平成厚度在 3cm 以下并划成"十"字线，将样品分成四份，取对角的两份混合，再用同样方法分成四份，取对角的两份，直到获得平均样品。没有完整包装的样品，需要先划分为若干等体积层，在每层的中间和四角取样得到检样，再按上述方法得到平均样品。

（2）**黏稠的半固体样品（如炼乳、冰淇淋等）** 从容器中分层采样（一般是上、中、下层）得到检样，然后混合缩分到所需平均样品。

（3）**液体样品（如液态乳类等）** 混匀样品后，用采样器分别从上、中、下层获得检样，再缩分到所需平均样品。

（4）**不均匀固体样品（如干酪等）** 这类样品各部分构成不均匀，采样时必须注意代表性。一般从被检物有代表性的部位分别采样，混匀后缩减至所需数量。体积较小的样品可以随机抽取多个样品，混匀后再缩减至所需数量。

（5）**小包装样品（如袋装乳粉等）** 按班次或批号连同包装一起采样，如小包装外还有大包装，先从不同堆放部位得到一定量大包装，再从每件中抽取小包装，最后缩减到所需数量。

4. 采样数量

采样数量应能反映该乳品的营养成分和卫生质量，并满足检验项目对样品量的需要，送检样品应为部分可食乳品，约为检验需要量的 4 倍，通常为一套三份，每份不少于 0.5～1kg，分别供检验、复验和仲裁使用。同一批号的完整小包装乳品，250g 以上的包装不得少于 6 个，250g 以下的包装不得少于 10 个。

知识点 2　样品的制备

样品的制备是指为了确保分析的准确性，将得到的大量质地、组成不均匀的样品进行粉碎、混匀、缩分的过程，具体方法因产品类型而不同。

1. 液体、浆体或悬浮液

常用玻璃搅拌器和电动搅拌棒将样品充分搅拌混匀。

2. 固体样品

常用粉碎机、组织捣碎机、研钵、均质机等将样品切细、粉碎、捣碎、研磨，制成均匀可检测状态的样品。

样品制备时要避免易挥发性物质的逸散，防止样品理化成分改变，对进行微生物检测的样品需要无菌操作。

知识点 3　样品的保存

采集的样品应在短时间内进行分析，以防止水分及其他易挥发成分的逸散，同时要预防待测成分的变化。如果不能立即进行分析，应该对样品进行保存，一般应将样品置于密封洁净的容器内，在阴暗处保存；易腐败样品置于 0～5℃冰箱中，但时间不能太长；存放的样品要按照日期、批号、编号摆放，便于查找，分析后样品一般需要保留 1 个月以备复检。

知识点 4　样品的预处理

任何一种食品都含有不同的组分，既包括有机大分子物质，如蛋白质、脂肪、碳水化合物，也包括矿物质，还有一些因为其他原因进入食品中的非营养素类物质，甚至是有害成分，如农残、兽残等，在对食品进行分析时各组分之间会彼此干扰，影响到最后的测定结果；还有一些被检测成分含量极低，不容易被检测出，需要对被检测成分进行浓缩处理，为保证检测的准确性，食品分析检测前需要对样品进行预处理，样品预处理的方法主要有以下几种。

1. 有机物破坏法

有机物破坏法是指在高温或高温加强氧化条件下经长时间处理，使有机物分解，呈气态逸散，而使被测组分存留下来，常用于食品中金属元素或某些非金属元素（如砷、硫、氮、磷）含量的测定。有机物破坏法根据条件不同分为干法灰化、湿法消化和微波消解法。

（1）干法灰化　将适量样品置于坩埚中，小火炭化后，再置于 $500\sim600\,^{\circ}\mathrm{C}$ 高温炉中灼烧灰化到呈白色或浅灰色。其特点是破坏彻底、操作简单，但温度过高会造成挥发性元素的逸散，影响分析结果的准确性。

（2）湿法消化　在强氧化剂作用下，通过加热煮沸，样品中的有机物质完全分解、氧化，呈气态逸出，被检测成分以无机物状态存在于消化液中，供分析使用。其特点是加热温度比干法低，减少了金属元素的挥发逸散，在食品分析检测中被广泛使用。但是有机物在氧化过程中会产生大量有害气体，需要有专门的通风设备，同时需要的试剂较多，空白值偏高。常用的强氧化剂包括硫酸、硝酸、高氯酸、过氧化氢、高锰酸钾等。

（3）微波消解法　微波消解法是近年来兴起的一种样品预处理方法。是将样品置于微波消解炉中，利用微波加热技术使样品消解，该法具有节能、快速、易挥发元素损失少、污染小、操作简单、消解完全等特点，能较好地提高测定的精密度和准确度，特别适合于挥发性元素测定的样品预处理。

2. 物理分离法

（1）溶剂提取法　溶剂提取法是指利用各种无机溶剂或有机溶剂，从样品中抽提出被检测物质或把干扰物去除的方法，也用于被检测物的富集。常用的方法包括浸提法（振荡浸渍法、捣碎法、索氏抽提法）和萃取法。常用的提取剂有水、稀酸、稀碱等无机溶剂，乙醇、乙醚、氯仿、丙酮、石油醚等有机溶剂。

（2）蒸馏法　蒸馏法是指利用被测物质中各组分挥发性不同来进行分离的方法，可用于去除干扰组分，也可以用于被测组分的抽提。常用的蒸馏法包括常压蒸馏法、减压蒸馏法、水蒸气蒸馏法、分馏等。

（3）色层分离法　色层分离法是指在载体上进行物质分离的一系列方法的总称。此类方法分离效果好、效率高，能将样品中极为相似的各组分进行分离，因此在食品检测中应用越来越广泛。根据分离原理不同，可分为吸附色谱分离、分配色谱分离、离子交换色谱分离等。

3. 化学分离法

（1）磺化法和皂化法　磺化法是指利用浓硫酸处理样品，样品中的脂肪被浓硫酸磺化，并与脂肪和色素中的不饱和键起加成作用，形成可溶于水和浓硫酸的强极性化合物，不再被

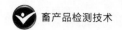

弱极性的有机溶剂溶解，达到分离净化的目的。

皂化法是指利用热碱溶液处理提取液，通过 $KOH\text{-}C_2H_5OH$ 溶液将脂肪等杂质皂化除去，达到净化的目的。

这两种方法都是去除样品中油脂的常用方法，多用于农药分析中的净化。

（2）沉淀分离法 沉淀分离法是指利用沉淀进行分离的方法。通常是在样液中加入沉淀剂，使被检测组分或干扰组分沉淀，然后进行分离。

（3）掩蔽法 掩蔽法是指利用掩蔽剂与样品溶液中的干扰成分发生作用，使干扰成分不再干扰测定结果，即掩蔽起来。由于该方法不必经过对干扰成分的分离操作，所以简单易操作，常用在金属元素的测定中。

4. 浓缩法

浓缩法是指样品在经过提取、净化后，在净化液体积较大，或者样品中被测组分含量较低时，为方便检测需要对样液进行浓缩，达到提高被检测成分浓度的目的。常用的浓缩法包括常压浓缩法、减压浓缩法等。

项目四

感官评鉴基础知识

知识点 1　乳制品感官评鉴的作用

通常情况下，消费者对乳制品质量优劣和可接受度的判断是依靠其味觉、嗅觉、视觉等感觉器官对乳制品评鉴得出的。因此，乳制品感官评鉴可以给我们提供质量控制的相关数据，这样的数据是依靠理化检测和微生物检测得不到的。乳制品企业通常进行两种类型的感官评鉴：一是邀请消费者和感官评鉴员对新产品进行感官评鉴，为新产品开发提供市场依据；二是通过感官评鉴员定期评鉴产品为质量管理提供依据。

1. 为新产品开发而进行的感官评鉴

(1) 由消费者群体进行新产品评鉴　一种新产品在批量投放市场前，一般会邀请消费者对新产品进行感官评鉴，调查消费者群体对于新产品的接受度。进行此类调查时要注意以下几点：①要选取具有代表性的消费者开展调查；②消费者可以在家中进行新产品评鉴；③需要有足够长的时间对新产品进行评鉴调查，以便真实反映出消费者对新产品的接受程度；④要将新产品与市场上已有的产品进行比较；⑤必要时可采取书信方式进行调查，以获取大量的、有用的、有效的信息；⑥要将所有的调查结果进行统计。

(2) 由感官评鉴员进行新产品评鉴　在新产品开发研制阶段会聘请感官评鉴员，为新产品配方的拟定提供感官评鉴数据，以缩短开发时间，降低开发成本，为消费者顺利接受新产品创造条件。当新产品被广大消费者接受，进行批量生产时，还需要感官评鉴员负责日常的质量控制，使产品具有理想、均匀的感官特性，并将产品感官特性记录存档，为以后新产品开发提供参考。

2. 进行与产品质量控制有关的感官分析

产品质量感官分析的目的是通过感官评鉴来保持产品质量稳定和风味纯正，这是企业产品质量管理的重点。理想的质量控制体系应从根本上把感官评鉴同微生物检测、理化检测摆在同等重要的位置，在质量控制实验室里配备足够多的感官评鉴人员并定期对其进行培训，但多数企业都忽视这项工作。有条件的企业可以定期举行产品质量感官评鉴讨论会，用15～60min的时间进行产品质量感官评鉴讨论，借此提高感官评鉴人员的业务水平。

知识点 2　乳制品感官评鉴的基本要求

1. 乳制品感官评鉴实验室要求

感官评鉴实验室应设置于无气味、无噪声区域。为了防止评鉴前通过身体或视觉的接

触，使评鉴员得到一些片面的、不正确的信息，影响其感官反应和判断，评鉴员进入评鉴区时要避免经过准备区和办公区。

（1）评鉴区 评鉴区是感官评鉴实验室的核心部分，气温应控制在 20～22℃范围内，相对湿度应保持在 50%～55%，通风情况良好，保持其中无气味、无噪声。应避免不适宜的温度和湿度对评鉴结果产生负面影响。评鉴区通常分为三个部分：品评室、讨论室和评鉴员休息室。

① 品评室。品评室应与准备区相隔离，并保持清洁，采用中性或不会引起注意力转移的色彩，如白色。房间通风情况良好，安静。根据品评室空间大小和评鉴人员数量分割成数个评鉴工作间，内设工作台和照明光源（见图 1-1）。

图 1-1 品评室

a. 评鉴工作间 每个评鉴工作间长和宽约 1m。评鉴工作间过小，评鉴员会感到"狭促"；但过分宽大会浪费空间。为了防止评鉴员之间相互影响，评鉴工作间之间要用不透明的隔离物分隔开，隔离物的高度要高于评鉴工作台面 1m 以上，两侧延伸到距离台面边缘 50cm 以上。评鉴工作间前面要设样品和评鉴工具传递窗口，一般窗口宽为 45cm、高 40cm（具体尺寸取决于所使用的样品托盘大小）。窗口下边应与评鉴工作台面在同一水平面上，便于样品和评鉴工具滑进滑出。评鉴工作间后的走廊应该足够宽，使评鉴员能够方便进出。

b. 评鉴工作台 评鉴工作台的高度通常是书桌或办公桌的高度（76cm），台面为白色，整洁干净。评鉴工作台的一角装有供评鉴员漱口用洁净水龙头和小型不锈钢水斗。台上配备数据输入设备或者留有数据输入端口和电源插座。

c. 照明光源 评鉴工作间应装有白色昼型照明光源。照度至少应在 300～500lx 之间，最大可到 700～800lx。可以用调光开关进行控制。光线在台面上应该分布均匀，不应造成阴影。观察区域的背景颜色应该是无反射的、中性的。评鉴员的观察角度和光线照射在样品上的角度不应该相同，评鉴工作间设置的照明光源通常垂直在样品之上，当评鉴员落座时，其观察角度大约与样品成 45°。

② 讨论室。讨论室通常与会议室的布置相似，但室内装饰和家具设施应简单，且色彩不会影响评鉴员的注意力。该区对于评鉴员和准备区来说，应该比较方便，但评鉴员的视线或身体不应接触到准备区。其环境控制、照明等可参照品评室。

③ 评鉴员休息室。评鉴员休息室应该有舒适的设施，良好的照明，干净整洁。同时注意防止噪声和精神上的干扰对评鉴员产生不利的影响。

（2）准备区 根据样品的贮存要求，准备区要有足够贮存空间，防止样品之间相互污染。准备用具要清洁，易于清洗。要求使用无味清洗剂洗涤。准备过程中应避免外界因素对样品的色、香、味产生影响，破坏样品的质地和结构，影响评鉴结果。样品的准备要具有代表性，分割要均匀一致。样品的准备一般要在评鉴开始前 1h 以内，并严格控制样品温度。评鉴用器具要统一。

2. 乳制品感官评鉴人员要求

感官评鉴人员是以乳制品专业知识为基础，经过感官分析培训，能够运用自己的视觉、触觉、味觉和嗅觉等对乳制品的色、香、味和质地等诸多感官特性做出正确评价的人员，参加评鉴人员一般不少于 7 人。作为乳制品感官评鉴人员必须满足下列要求：①必须具备乳制品加工、检验方面的专业知识；②必须是通过感官分析测试合格者，具有良好的感官分析能力；③应具有良好的健康状况，不应患有色盲、鼻炎、龋齿、口腔炎等疾病；④具有良好的表达能力，在对样品的感官特性进行描述时，能够做到准确无误，恰到好处；⑤具有注意力集中、不受外界影响的能力，热爱评鉴工作；⑥对样品无偏见、无厌恶感，能够客观、公正地评价样品；⑦工作前不使用香水、化妆品，不用香皂洗手，无抽烟、酗酒等不良嗜好。

3. 评鉴员感官评鉴能力的训练

为了提高感官评鉴信息的科学性和准确性，必须对乳制品感官评鉴员进行培训，以提高其个体判断能力。感官评鉴是一门技术，教师和学生一对一的培训方法是行之有效的，其他培训方式也是可行的。评鉴员感官评鉴能力的培训可以通过为乳制品专业学生开设 1～2 门必修课进行，也可以通过举办短期培训班或者讨论会的形式进行。

（1）感官评鉴员的挑选 在挑选感官评鉴员时，先进行面试，以限制生理和心理有缺陷的人。一个合格的感官评鉴员具备的基本条件应包括：①自愿并且有兴趣做乳制品感官评鉴工作，态度正确；②健全的感觉器官和良好的心理素质；③良好的注意力和记忆力；④良好的观察力、判断力和鉴别力；⑤较好的语言表达能力和概括能力。

对初试合格者再进行味觉辨别能力测试，味觉辨别能力测试方法有许多种，这里简单介绍几种常用的方法。

①"基本味"敏感性测试。将具有酸、甜、苦、咸 4 种"基本味"的物质分别配制成一系列浓度梯度的溶液，溶液浓度逐渐递增，数量在 10 个以上，另将纯水作为零浓度溶液，这样就获得了 4 种基本味的系列溶液。让受试者任选一个系列，从零浓度起由低到高逐一品尝，然后让受试者汇报从何浓度开始辨出有味，从何浓度开始确定为何味。其他 3 种味的品尝，以同样方法获得结果。将结果进行综合分析，从中可挑选出对味觉敏感者。在进行测试时要注意的是配制成的溶液浓度应较低，浓度间的差异要小，而溶液个数应较多。

② 辨味测试。将生活中常见滋味样品配成溶液让受试者辨认。这些滋味样品可包括蒸馏水、咖啡、茶、牛乳、啤酒、醋、矿泉水、可乐、各种果汁和调味汁。

③ 三角测试。准备 3 个样品为一组的被测系，每组中两个样品相同，另一个与其有差异。

在经过一系列的测试后，挑选其中的优秀者作为感官评鉴员候选人，让他们接受特殊培训。培训可分为两步进行：第一步使他们对各种乳制品的典型风味有充分的了解，能做出准确而迅速的反应；第二步使他们对"异味"及其产生原因有全面的了解，品尝后同样能做出准确而迅速的判断。引起"异味"的情况包括由原料乳带入，生产加工过程中带入，混入外来物带入，贮存不当或过期等。在挑选感官评鉴员时还有一个需要注意的问题：年龄。合格的评鉴员必须具备两个基本条件，即健全而灵敏的感觉器官和丰富的经验。过于年轻的人往往会缺乏必要的经验因而被认为不宜当评鉴员，而年龄过大的人由于生理衰老和疾病等原因往往会引起感觉器官退化，同样不适合当评鉴员。一般来说评鉴员的最适年龄在30～50岁。

（2）乳制品感官评鉴员训练

① 训练步骤

a. 一次可挑选5～10名评鉴员学员。

b. 严格培训评鉴员，考核、考察评鉴员的专业基础理论水平和对产品的了解程度。

c. 进行大量样品测试，通常情况下，优秀评鉴员在30min内可完成10多种样品测试。

d. 对优秀评鉴员进行专业培训，提供专门评鉴实验室，给予他们良好的工作环境。

e. 考察评鉴员提供信息的准确性，通过复制样品，进行多次实验或某种合适的考试。

f. 评鉴员不但要评鉴比较样品，进行优先排序；还要培养评鉴员对理想、不理想的产品感官特性提出不同见解，对产品的生产工艺、配方成分、贮存条件加以分析和解释。

g. 教师必须仔细观察学员的操作程序。开始时，样品中的缺陷必须明显，使学生能很容易地识别出来；当学生变得熟练、有自信时再把不明显的缺陷样品拿出来，直到他们能清晰地识别出不易分辨的缺陷。

② 乳制品的典型风味

a. 风味感受的原理。风味是由味觉和气味所感知出来的一种味道。味觉是通过舌头上味蕾、喉咙和软腭上味细胞被刺激而产生的酸、甜、苦、咸；气味是由嗅觉表皮记录下来的，它可以通过鼻和嘴进行感受。还有一些其他感觉，既不是真正的味觉也不属于嗅觉，如涩味、辛辣味、碱性味、金属味等。食品拥有不止一种味觉元素，还有各种物质间相互作用而产生的综合风味。一些乳制品也有复杂的风味结构，例如切达干酪，除了有许多产生气味的混合物，还包含酸、咸、苦成分；冰淇淋则是多种物质的混合体。

b. 牛乳的风味。在乳品市场，乳制品的理想风味可以用"没有异味"来描述，这是一个非常重要的概念。在一般情况下牛乳的风味可以做如下叙述：它是来自现代化农场的健康乳牛，乳牛的饲料是绿色的，并经科学饲养、严格管理；牛乳挤出后迅速冷却到4℃以下冰点以上，并从农场运到加工厂贮存、加工，在从挤乳到加工过程中没有化学和细菌污染，这就是牛乳的真正风味。

牛乳中有大量的味觉物质，如游离的脂肪酸、蛋白质、胺、甲基硫化物、糖和盐等，当这些混合物集中在一起的时候，却没有特殊味道。虽然牛乳中没有容易辨别的味道，但也有其特点，由于含有糖和盐，并形成了特殊的平衡，稍带甜味，但稍纵即逝，所以没有持久的风味存在。

牛乳的触觉特性，是物理和化学成分共同作用的结果，促进这种特性形成的是蛋白质、脂肪，它们结合到一起形成光滑的感觉。

经过深加工的乳制品，如脱脂乳和乳脂（稀奶油），由于脂肪成分的区别，就产生了不同口感和各种各样感觉。

风味乳制品，例如巧克力乳、冰淇淋等，包含各种风味。

c. 液态发酵乳制品的风味。液态发酵乳制品生产过程中，添加的微生物可以分解酪蛋白和乳糖，产生包括酸味物质在内的各种风味物质。

许多发酵乳制品还添加非乳成分的风味添加剂，这就丰富了发酵乳制品的品种，增加了品尝性和观赏性。

d. 干酪的风味。成熟干酪要求利用细菌和霉菌的活动产生特殊风味。各种各样的干酪风味虽然差别不太大，但都有其特点。由于不同干酪有不同的风味特点，感官评鉴人员必须对理想产品的特性非常熟悉，如切达干酪，评鉴员必须熟练掌握它理想的感官特性。因为干酪在进入市场时可能是生的、半熟的或完全成熟的，消费者对干酪的接受度不仅取决于干酪的种类，还取决于它的成熟度，这样就可以根据干酪气味的浓、淡来区别。同时还要注重它的外形与组织状态。

③ 品评记忆。乳制品评鉴员必须完全依赖其自身品评记忆的能力，在质量和数量方面能够识别乳制品的滋味和气味，这些知识来源于反复实践。

在准确识别各种味道和气味方面，每个人的能力不同，对于大多数人，学习、记忆的过程是简单的，反复实践直到永远记住风味是复杂的。经验表明，对风味特别敏感的人，在识别特殊风味时不会费劲，但对大多数人来说不易做到。业务精湛的评鉴员可以检验一系列样品，而且在脑海中对每个样品都会留下深刻的印象，并对样品进行比较。

知识点 3　样品的制备

将选定用于感官评鉴的样品事先存放于评鉴要求温度的恒温箱中，保证在统一呈送时样品温度恒定和均一，防止因温度不均匀造成样品评鉴失真。由于液体乳容易脂肪上浮，在进行评鉴之前应先将样品进行充分混匀，再进行分装，保证每一份样品都均匀一致。呈送给评鉴人员样品的摆放顺序应注意让样品在每个位置上出现概率是相同的，可采用圆形摆放法。

食品感官评鉴中由于受很多因素的影响，故每次用于感官评鉴的样品数应控制在 4～8 个，每个样品的分量应控制在 30～60mL；对于实验所用器皿应不会对感官评鉴产生影响，一般采用玻璃材质，也可采用没有其他异味的一次性塑料或纸杯作为感官评鉴实验用器皿。

样品的制备标示应采用盲法，不应带有任何不适当的信息，以防对评鉴员的客观评定产生影响；样品应随机编号，对有完整商业包装的样品，应在评鉴前对样品包装进行预处理，以去除相应的包装信息。

项目五

乳制品的感官评鉴

任务 1　巴氏杀菌乳感官质量评鉴

本方法适用于全脂巴氏杀菌乳和脱脂巴氏杀菌乳的感官质量评鉴。

【样品的制备】

取在保质期且包装完好样品静置于自然光下，在室温下放置一段时间，保证产品温度在（20±2）℃。同时取 250mL 烧杯一只，准备观察样品使用。准备品尝用温开水和品尝杯若干。

【评鉴方法】

（1）色泽和组织状态　将样品置于自然光下观察色泽和组织状态。

（2）滋味和气味　在通风良好的室内，取样品先闻其气味，后品尝其滋味，多次品尝应用温开水漱口。

【评鉴要求】

（1）全脂巴氏杀菌乳感官评鉴要求

① 全脂巴氏杀菌乳感官指标按百分制评定，其中各项分数见表 1-2。

表 1-2　全脂巴氏杀菌乳感官指标

项目	分数
滋味和气味	60
组织状态	30
色泽	10

② 全脂巴氏杀菌乳感官指标评分标准见表 1-3。

表 1-3　全脂巴氏杀菌乳感官指标评分标准

项目	特征	得分
滋味和气味（60 分）	具有全脂巴氏杀菌乳的纯香味，无其他异味	60
	具有全脂巴氏杀菌乳的纯香味，稍淡，无其他异味	59～55
	具有全脂巴氏杀菌乳固有的香味，且此香味延展至口腔的其他部位，或舌部难以感觉到牛乳的纯香，或具有蒸煮味	56～53
	有轻微饲料味	54～51
	滋味、气味平淡，无乳香味	52～49
	有不清洁或不新鲜的滋味和气味	50～47
	有其他异味	48～45

续表

项目	特征	得分
组织状态 （30分）	呈均匀的流体。无沉淀，无凝块，无机械杂质，无黏稠和浓厚现象，无脂肪上浮现象	30
	除有少量脂肪上浮现象外基本呈均匀的流体。无沉淀，无凝块，无机械杂质，无黏稠和浓厚现象	29～27
	有少量沉淀或严重脂肪分离	26～20
	有黏稠和浓厚现象	20～10
	有凝块或分层现象	10～0
色泽 （10分）	呈均匀一致的乳白色或稍带微黄色	10
	均匀一色，但显黄褐色	8～5
	色泽不正常	5～0

（2）脱脂巴氏杀菌乳感官评鉴要求

① 脱脂巴氏杀菌乳感官指标按百分制评定，其中各项分数见表1-4。

表1-4　脱脂巴氏杀菌乳感官指标

项目	分数
滋味和气味	60
组织状态	30
色泽	10

② 脱脂巴氏杀菌乳感官指标评分标准见表1-5。

表1-5　脱脂巴氏杀菌乳感官指标评分标准

项目	特征	得分
滋味和气味 （60分）	具有脱脂巴氏杀菌乳的纯香味，香味停留于舌部，无油脂香味，无其他异味	60
	具有脱脂巴氏杀菌乳的纯香味，且稍清淡，无油脂香味，无其他异味	59～55
	有轻微饲料味	57～53
	有不清洁或不新鲜的滋味和气味	56～51
	有其他异味	53～45
组织状态 （30分）	呈均匀的流体。无沉淀，无凝块，无机械杂质，无黏稠和浓厚现象	30
	有少量沉淀	26～20
	有黏稠和浓厚现象	22～16
	有凝块或分层现象	17～0
色泽 （10分）	呈均匀一致的乳白色或稍带微黄色	10
	均匀一色，但显黄褐色	8～5
	色泽不正常	5～0

【评鉴数据处理】

采用总分100分制，即最高100分；单项最高得分不能超过单项规定分数，最低是0分；剩余的单项得分之和为去掉一个最高分和一个最低分后的单项得分之和。

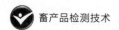

$$单项得分 = \frac{剩余的单项得分之和}{全部评鉴员数-2}$$

在全部总得分中去掉一个最高分和一个最低分，按下列公式计算，结果取整：

$$总分 = \frac{剩余的总得分之和}{全部评鉴员数-2}$$

任务 2 灭菌纯牛乳感官质量评鉴

本方法适用于灭菌纯牛乳的感官质量评鉴。

【样品的制备】

取在保质期且包装完好样品静置于自然光下，在室温下放置一段时间，保证产品温度在 $(20\pm2)℃$。同时取 250mL 烧杯一只，准备观察样品使用。准备品尝用温开水和品尝杯若干。

【评鉴方法】

将样品置于水平台上，打开样品包装，保证样品不倾斜、不外溢。首先闻样品的气味，然后观察样品外观、色泽、组织状态，最后品尝样品的滋味。

（1）色泽和组织状态 取适量样品徐徐倾入 250mL 烧杯中，在自然光下观察色泽和组织状态。

（2）滋味和气味 用温开水漱口，然后品尝样品的滋味，嗅其气味。

【评鉴要求】

（1）灭菌纯牛乳感官评鉴要求 灭菌纯牛乳包括全脂灭菌纯牛乳、部分脱脂灭菌纯牛乳和脱脂灭菌纯牛乳。其中部分脱脂灭菌纯牛乳和脱脂灭菌纯牛乳按同一类产品进行感官评鉴。

（2）评鉴标准

① 全脂灭菌纯牛乳感官质量评鉴细则见表 1-6。

表 1-6 全脂灭菌纯牛乳感官质量评鉴细则

项目	特征	得分
滋味和气味 （50 分）	具有灭菌纯牛乳特有的纯香味，无异味	50
	乳香味平淡、不突出，无异味	45～49
	有过度蒸煮味	40～45
	有非典型的乳香味，香气过浓	35～39
	有轻微陈旧味，乳味不纯，或有乳粉味	30～34
	有牛乳不应有的让人不愉快的异味	20～29
色泽 （20 分）	呈均匀一致的乳白色或微黄色	20
	略带焦黄色	15～19
	呈白色至青色	13～17
组织状态 （30 分）	呈均匀的流体，无凝块，无黏稠现象	30
	呈均匀的流体，无凝块，无黏稠现象，有少量沉淀	25～29
	有少量上浮脂肪絮片，无凝块，无可见外来杂质	20～24
	有较多沉淀	11～19
	有凝块现象	5～10
	有外来杂质	5～10

② 部分脱脂灭菌纯牛乳、脱脂灭菌纯牛乳感官质量评鉴细则见表 1-7。

表 1-7　部分脱脂灭菌纯牛乳、脱脂灭菌纯牛乳感官质量评鉴细则

项目	特征	得分
滋味和气味 （50 分）	具有脱脂后灭菌纯牛乳的香味，乳味轻淡，无异味	50
	有过度蒸煮味	40～49
	有非典型的乳香味，香气过浓	30～39
	有轻微陈旧味，乳味不纯，或有乳粉味	25～29
	有牛乳不应有的让人不愉快的异味	20～24
色泽 （20 分）	呈均匀一致的乳白色或微黄色	20
	略带焦黄色	15～19
	呈白色至青色	13～17
组织状态 （30 分）	呈均匀的流体，无凝块，无黏稠现象	30
	呈均匀的流体，无凝块，无黏稠现象，有少量沉淀	25～29
	有少量上浮脂肪絮片，无凝块，无可见外来杂质	20～24
	有较多沉淀	11～19
	有凝块现象	5～10
	有外来杂质	5～10

【评鉴数据处理】

采用总分 100 分制，即最高 100 分；单项最高得分不能超过单项规定分数，最低是 0 分；剩余的单项得分之和为去掉一个最高分和一个最低分后的单项得分之和。

$$单项得分 = \frac{剩余的单项得分之和}{全部评鉴员数 - 2}$$

在全部总得分中去掉一个最高分和一个最低分，按下列公式计算，结果取整：

$$总分 = \frac{剩余的总得分之和}{全部评鉴员数 - 2}$$

灭菌调制乳的感官评鉴　　　　发酵乳的感官评鉴　　　　婴幼儿乳粉的感官评鉴

项目六

乳和乳制品中非脂乳固体的测定

知识点　乳固体和非脂乳固体的概念

1. 乳固体

乳中除水之外的物质，称乳固体（Ts）。

2. 非脂乳固体

乳固体又可分为全乳固体和非脂乳固体（SNF）。非脂乳固体主要包含除脂肪外的乳中所有固体物质。由于乳固体中脂肪含量变化大，因此在实际工作中常用非脂乳固体作为测定指标。

任务 1　全乳固体的测定

【原理】

乳及乳制品经100℃左右干燥箱直接干燥脱水直至恒重，即为全乳固体。

【试剂和器皿】

除非另有说明，本方法所用试剂均为分析纯，水为 GB/T 6682—2008 规定的三级水。

（1）试剂　石英砂或海砂：可通过 $500\mu m$ 孔径的筛子，不能通过 $180\mu m$ 孔径的筛子，并通过下列适用性测试：将约 20g 的海砂同短玻璃棒一起放于一皿盒中，然后敞盖在（100 ± 2）℃的干燥箱中至少烘 2h。把皿盒盖盖子后放入干燥器中冷却至室温，称重，精确至 0.1mg。用 5mL 水将海砂润湿，用短玻璃棒混合海砂和水，将其再次放入干燥箱中干燥 4h。把皿盒盖盖子后放入干燥器中冷却至室温，称重，精确至 0.1mg，两次称重的差不应超过 0.5mg。如果两次称重的质量差超过了 0.5mg，则需对海砂进行如下的处理后，才能使用：将海砂在体积分数为 25% 的盐酸溶液中浸泡 3d，经常搅拌；尽可能地倾出上清液，用水洗涤海砂，直到中性；在160℃条件下加热海砂 4h；然后重复进行适用性测试。

（2）器皿

① 平底皿盒：高 20～25mm、直径 50～70mm 的带盖不锈钢或铝皿盒，或玻璃称量皿。

② 短玻璃棒：适合于皿盒的直径，可斜放在皿盒内，不影响盖盖子。

【仪器和设备】

① 天平：感量为 0.1mg。

② 干燥箱。

③ 水浴锅。

【分析步骤】

在平底皿盒中加入 20g 石英砂或海砂，在（100±2）℃的干燥箱中干燥 2h，于干燥器冷却 0.5h，称重，并反复干燥至恒重。称取 5.0g（精确至 0.0001g）试样于恒重的皿盒内，置水浴上蒸干，擦去皿盒外的水渍，于（100±2）℃干燥箱中干燥 3h，取出放入干燥器中冷却 0.5h，称重，再于（100±2）℃干燥箱中干燥 1h，取出冷却后称重，至前后两次质量差不超过 1.0mg。

【结果计算】

试样中总固体的含量按式（1.1）计算：

$$X = \frac{m_1 - m_2}{m} \times 100 \tag{1.1}$$

式中　X——试样中总固体的含量，g/100g；

m_1——皿盒、海砂加试样干燥后质量，g；

m_2——皿盒、海砂的质量，g；

m——试样的质量，g。

任务 2　非脂乳固体的测定

【原理】

先分别测定出乳及乳制品中的总固体含量、脂肪含量（如添加了蔗糖等非乳成分，也应扣除），再用总固体含量减去脂肪和蔗糖等非乳成分含量，即为非脂乳固体。

【分析步骤】

非脂乳固体的测定采用计算法，在测定总固体、脂肪、蔗糖的基础上计算。

(1) 总固体的测定　按 GB 5413.39—2010 中规定的方法测定。

(2) 脂肪的测定　按 GB 5009.6—2016 中规定的方法测定。

(3) 蔗糖的测定　按 GB 5413.5—2010 中规定的方法测定。

(4) 试样中非脂乳固体的含量　按式（1.2）计算：

$$X_{SNF} = X - X_1 - X_2 \tag{1.2}$$

式中　X_{SNF}——试样中非脂乳固体的含量，g/100g；

X——试样中总固体的含量，g/100g；

X_1——试样中脂肪的含量，g/100g；

X_2——试样中蔗糖的含量，g/100g。

以重复性条件下获得的两次独立测定结果的算术平均值表示，结果保留三位有效数字。

项目七

乳和乳制品中脂肪的测定

知识点　食品中脂肪检测常用方法和原理

脂肪含量的测定方法有很多，如索氏抽提法、酸水解法、碱水解法、盖勃氏法等。

1. 非乳制品常用的脂肪检测方法和原理

（1）索氏抽提法　目前国内外普遍采用抽提法，其中索氏抽提法（Soxhlet extraction method）是公认的经典方法，也是我国粮油分析首选的标准方法。索氏抽提法主要用于粗脂肪含量的测定。其原理是脂肪易溶于有机溶剂，试样直接用无水乙醚或石油醚等溶剂抽提后，蒸发除去溶剂，干燥，即得到游离态脂肪的含量。索氏抽提法适用于脂类含量较高、结合脂少、能烘干磨细、不易吸潮结块的样品的测定，如肉制品、豆制品、坚果制品、谷物油炸制品、中西式糕点等脂肪含量的分析检测，其装置见图1-2。

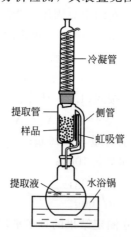

冷凝管

提取管
样品
侧管
虹吸管

提取液
水浴锅

图1-2　索氏抽提装置图

（2）酸水解法　食品中的结合态脂肪必须用强酸使其游离出来，游离出的脂肪易溶于有机溶剂。试样经盐酸水解后用无水乙醚或石油醚提取，除去溶剂即得游离态和结合态脂肪的总含量。本法适用于经过加工的食品、易结块的食品及不易除去水分的样品。因磷脂在酸水解条件下分解为脂肪酸和碱，故本法不宜用于测定含有大量磷脂的食品，如鱼类、贝类和蛋品。此法也不适于含糖量高的食品，因糖类遇强酸易碳化而影响测定结果。

2. 乳制品常用的脂肪检测方法和原理

（1）碱水解法　用无水乙醚和石油醚抽提样品的碱（氨水）水解液，通过蒸馏或蒸发去除溶剂，测定溶于溶剂中抽提物的脂肪质量。

（2）盖勃氏法 盖勃氏法是在乳中加入硫酸破坏乳胶性质和覆盖在脂肪球上的蛋白质外膜，离心分离脂肪后测量其体积。

上述几种常用脂肪检测方法的比较见表1-8。

表1-8 几种常用脂肪检测方法的比较

检测方法	适用范围	操作时间	仪器
索氏抽提法	固体粗提	耗时长	索氏抽提器
酸水解法	适用于结合或储存于组织中的脂肪	耗时较长	具塞刻度量筒
碱水解法	乳及乳制品	耗时短	具塞量筒或者抽脂瓶
盖勃氏法	乳及乳制品	耗时短	盖勃氏乳脂计

任务 碱水解法测定脂肪

乳与乳制品中
脂肪的测定

【试剂和材料】

除非另有说明，本方法所用试剂均为分析纯，水为GB/T 6682—2008规定的三级水。

（1）试剂

① 淀粉酶：酶活力≥1.5U/mg。

② 氨水（$NH_3 \cdot H_2O$）：质量分数约25%，可使用比此浓度更高的氨水。

③ 乙醇（C_2H_5OH）：体积分数至少为95%。

④ 无水乙醚（$C_4H_{10}O$）。

⑤ 石油醚（C_nH_{2n+2}）：沸程为30～60℃。

⑥ 刚果红（$C_{32}H_{22}N_6Na_2O_6S_2$）。

⑦ 盐酸（HCl）。

⑧ 碘（I_2）。

⑨ 碘化钾（KI）。

（2）试剂配制

① 混合溶剂：等体积混合无水乙醚和石油醚，现用现配。

② 碘溶液（0.1mol/L）：称取碘12.7g和碘化钾25g，于水中溶解并定容至1L。

③ 刚果红溶液：将1g刚果红溶于水中，稀释至100mL。刚果红溶液可选择性使用。刚果红溶液可使溶剂相和水相界面清晰，也可使用其他能使水相染色而不影响测定结果的溶液。

④ 盐酸溶液（6mol/L）：量取50mL盐酸缓慢倒入40mL水中，定容至100mL，混匀。

【仪器和设备】

① 分析天平：感量为0.0001g。

② 离心机：可用于放置抽脂瓶或管，转速为500～600r/min，可在抽脂瓶外端产生80～90g的重力场。

③ 电热鼓风干燥箱。

④ 恒温水浴锅。

⑤ 干燥器：内装有效干燥剂，如硅胶。

⑥ 抽脂瓶（见图1-3）：应带有软木塞或其他不影响溶剂使用的瓶塞（如硅胶或聚四氟乙烯）。软木塞应先浸泡于乙醚中，后放入60℃或60℃以上的水中保持至少15min，冷却后使用。不用时需浸泡在水中，浸泡用水每天更换1次。

图1-3　碱水解法用抽脂瓶

【分析步骤】

（1）试样碱水解

① 巴氏杀菌乳、灭菌乳、生乳、发酵乳、调制乳。称取充分混匀试样10g（精确至0.0001g）于抽脂瓶中。加入2.0mL氨水，充分混合后立即将抽脂瓶放入（65±5）℃的水浴中，加热15～20min，不时取出振荡。取出后，冷却至室温，静置30s。

② 乳粉和婴幼儿食品。称取混匀后的试样，高脂乳粉、全脂乳粉、全脂加糖乳粉和婴幼儿食品约1g（精确至0.0001g），脱脂乳粉、乳清粉、酪乳粉约1.5g（精确至0.0001g），其余操作同①。

a. 不含淀粉样品。加入10mL（65±5）℃的水，将试样洗入抽脂瓶的小球，充分混合，直到试样完全分散，放入流动水中冷却。

b. 含淀粉样品。将试样放入抽脂瓶中，加入约0.1g的淀粉酶，混合均匀后，加入8～10mL 45℃的水，注意液面不要太高。盖上瓶塞于搅拌状态下置（65±5）℃水浴中2h，每隔10min摇混1次。为检验淀粉是否水解完全可加入2滴约0.1mol/L的碘溶液，如无蓝色出现说明水解完全，否则将抽脂瓶重新置于水浴中，直至无蓝色产生。将抽脂瓶冷却至室温。其余操作同①。

③ 炼乳。脱脂炼乳、全脂炼乳和部分脱脂炼乳称取约3～5g，高脂炼乳称取约1.5g（精确至0.0001g），用10mL水分次洗入抽脂瓶小球中，充分混合均匀。其余操作同①。

④ 奶油、稀奶油。先将试样放入温水浴中溶解并混合均匀后，称取奶油约0.5g（精确至0.0001g）、稀奶油约1g于抽脂瓶中，加入8～10mL约45℃的水。再加2mL氨水充分混匀。其余操作同①。

⑤ 干酪。称取约2g（精确至0.0001g）研碎的试样于抽脂瓶中，加10mL盐酸溶液（6mol/L），混匀，盖上瓶塞，于沸水浴中加热20～30min，取出后冷却至室温，静置30s。

（2）抽提

① 加入10mL乙醇，缓和但彻底地进行混合，避免液体太接近瓶颈。如果需要，可加入2滴刚果红溶液。

② 加入25mL无水乙醚，塞上瓶塞，将抽脂瓶保持在水平位置，小球延伸部分朝上夹到摇混器上，按约100次/min振荡1min，也可采用手动振摇方式。但均应注意避免形成持

久乳化液。抽脂瓶冷却后小心打开塞子，用少量的混合溶剂冲洗塞子和瓶颈内壁，使冲洗液流入抽脂瓶。

③ 加入 25mL 石油醚，塞上润湿的塞子，按②所述，轻轻振荡 30s。

④ 将加塞的抽脂瓶放入离心机中，在 500～600r/min 下离心 5min，否则将抽脂瓶静置至少 30min，直到上层液澄清，并明显与水相分离。

⑤ 小心地打开瓶塞，用少量的混合溶剂冲洗塞子和瓶颈内壁，使冲洗液流入抽脂瓶。如果两相界面低于小球与瓶身相接处，则沿瓶壁边缘慢慢地加入水，使液面高于小球和瓶身相接处（见图 1-4），以便于倾倒。

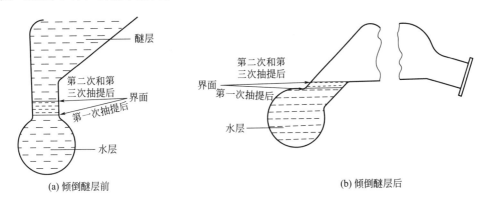

(a) 倾倒醚层前   (b) 倾倒醚层后

图 1-4　抽提操作示意图

⑥ 将上层液尽可能地倒入已准备好的加入沸石的脂肪收集瓶中，避免倒出水层。

⑦ 用少量的混合溶剂冲洗瓶颈外部，冲洗液收集在脂肪收集瓶中。

⑧ 向抽脂瓶中加入 5mL 乙醇，用乙醇冲洗瓶颈内壁，按①所述进行混合。重复②～⑦操作，再进行第二次抽提，但只用 15mL 无水乙醚和 15mL 石油醚。

⑨ 重复②～⑦操作，再进行第三次抽提，但只用 15mL 无水乙醚和 15mL 石油醚。

⑩ 空白试验与样品检验同时进行，采用 10mL 水代替试样，使用相同步骤和相同试剂。

(3) 称重

合并所有提取液，既可采用蒸馏的方法除去脂肪收集瓶中的溶剂，也可于沸水浴上蒸发至干来除掉溶剂。蒸馏前用少量的混合溶剂冲洗瓶颈内壁。将脂肪收集瓶放入（100±5）℃的烘箱中干燥 1h，取出后置于干燥器内冷却 0.5h 后称重。重复以上操作直至恒重（直至两次称重的差不超过 2mg）。

【结果计算】

$$X = \frac{(m_1 - m_2) - (m_3 - m_4)}{m} \times 100 \qquad (1.3)$$

式中　X——样品中脂肪含量，g/100g；

m——样品质量，g；

m_1——脂肪收集瓶和抽提物的质量，g；

m_2——脂肪收集瓶的质量或在不溶物存在下脂肪收集瓶和不溶物的质量，g；

m_3——空白试验中，脂肪收集瓶和抽提物的质量，g；

m_4——空白试验中，脂肪收集瓶的质量或在不溶物存在下脂肪收集瓶和不溶物的质量，g。

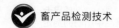

以重复性条件下获得的两次独立测定结果的算术平均值表示，结果保留三位有效数字。

【说明】

① 如果产品中脂肪的质量分数低于 5%，可只进行两次抽提。

② 本方法适于各种液态乳、乳粉、炼乳、奶油、稀奶油、干酪和婴幼儿食品中脂肪的测定，其他样品检测方法具体见 GB 5009.6—2016。

③ 要进行空白试验，以消除环境及温度对检测结果的影响；并且空白试验与样品测定要同时进行。

④ 使用的无水乙醚应不含过氧化物，含过氧化物不仅会影响准确性，而且在浓缩时，可由于过氧化物的聚积引起爆炸。

过氧化物的定性检出：取一只玻璃小量筒，用无水乙醚冲洗，然后加入 10mL 无水乙醚，再加入 1mL 新制备的 100g/L 碘化钾溶剂，振荡，静置 1min，两相中均不得有黄色产生。

⑤ 精密度。在重复性条件下获得的两次独立测定结果之差应符合：

脂肪含量≥15%，≤0.3g/100g；

脂肪含量 5%～15%，≤0.2g/100g；

脂肪含量≤5%，≤0.1g/100g。

项目八

乳和乳制品中蛋白质的测定

知识点 凯氏定氮法的原理

食品中的蛋白质在催化加热条件下被分解，产生的氨与硫酸结合生成硫酸铵。碱化蒸馏使氨游离，用硼酸吸收后以硫酸或盐酸标准滴定溶液滴定，根据酸的消耗量计算氮含量，再乘以换算系数，即为蛋白质含量。

1. 消化

有机含氮化合物与浓硫酸混合加热消化，使前者全部分解，氧化成二氧化碳逸散，所含的氮生成氨，并与硫酸结合生成硫酸铵残留于消化液中。

$$\text{有机物(含 N、C、H、O、P、S 等元素)} + H_2SO_4 \longrightarrow CO_2 \uparrow + (NH_4)_2SO_4 + H_3PO_4 + SO_2 \uparrow$$

上述有机含氮化合物的分解反应进行得很慢，消化要费很长时间，常加催化剂加速反应。硫酸铜、氯化汞等都是很强的催化剂，但是由于汞化合物是剧毒物品，对人体有害，故使用较少。硫酸钾和硫酸铜常混合使用，起着加速氧化促进有机物分解的作用。

2. 蒸馏

消化所得的硫酸铵与浓氢氧化钠溶液反应，分解出氢氧化铵，然后用水蒸气将氨蒸出，用硼酸溶液吸收。

$$(NH_4)_2SO_4 + 2NaOH \longrightarrow 2NH_4OH + Na_2SO_4$$
$$NH_4OH \longrightarrow NH_3 + H_2O$$

3. 滴定

直接滴定法采用硼酸溶液作吸收液，氨被吸收后，酸碱指示剂颜色变化，再用盐酸滴定，直至恢复至原来的氢离子浓度为止，用去盐酸的物质的量即相当于未知物中氨的物质的量。滴定方程式为：

$$2NH_3 + 4H_3BO_3 \longrightarrow (NH_4)_2B_4O_7 + 5H_2O$$
$$(NH_4)_2B_4O_7 + 5H_2O + 2HCl \longrightarrow 2NH_4Cl + 4H_3BO_3$$
$$NH_3 + HCl \longrightarrow NH_4Cl$$

任务 凯氏定氮法测定乳和乳制品中蛋白质

【试剂和材料】

（1）**试剂** 除非另有说明，本方法所用试剂均为分析纯，水为 GB/T 6682—2008 规定的三级水。

① 硫酸铜（$CuSO_4 \cdot 5H_2O$）。

② 硫酸钾（K_2SO_4）。

③ 硫酸（H_2SO_4）。

④ 硼酸（H_3BO_3）。

⑤ 甲基红指示剂（$C_{15}H_{15}N_3O_2$）。

⑥ 溴甲酚绿指示剂（$C_{21}H_{14}Br_4O_5S$）。

⑦ 亚甲基蓝指示剂（$C_{16}H_{18}ClN_3S \cdot 3H_2O$）。

⑧ 氢氧化钠（NaOH）。

⑨ 95%乙醇（C_2H_5OH）。

（2）试剂配制

① 硼酸溶液（20g/L）。称取20g硼酸，加水溶解后并稀释至1000mL。

② 氢氧化钠溶液（400g/L）。称取40g氢氧化钠加水溶解后，放冷，并稀释至100mL。

③ 硫酸标准滴定溶液［$c(1/2H_2SO_4)$］0.0500mol/L或盐酸标准滴定溶液［$c(HCl)$］0.0500mol/L，具体配制方法可参考GB/T 601—2016。

④ 甲基红乙醇溶液（1g/L）。称取0.1g甲基红，溶于95%乙醇，用95%乙醇稀释至100mL。

⑤ 亚甲基蓝乙醇溶液（1g/L）。称取0.1g亚甲基蓝，溶于95%乙醇，用95%乙醇稀释至100mL。

⑥ 溴甲酚绿乙醇溶液（1g/L）。称取0.1g溴甲酚绿，溶于95%乙醇，用95%乙醇稀释至100mL。

⑦ A混合指示液。2份甲基红乙醇溶液与1份亚甲基蓝乙醇溶液临用时混合。

⑧ B混合指示液。1份甲基红乙醇溶液与5份溴甲酚绿乙醇溶液临用时混合。

【仪器和设备】

① 天平：感量为1mg。

② 电炉：有石棉网，如图1-5所示。

图1-5 用电炉进行消化

③ 消化炉：红外智能消化炉和消化好的样品如图 1-6 和图 1-7 所示。

图 1-6　红外智能消化炉

图 1-7　消化好的样品

④ 定氮蒸馏装置：如图 1-8 所示。

(a) 装置示意图

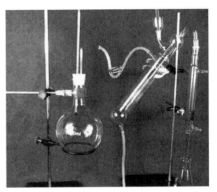

(b) 装置实物照片

图 1-8　定氮蒸馏装置

1—电炉；2—水蒸气发生器（2L 烧瓶）；3—螺旋夹；4—小玻杯及棒状玻塞；5—反应室；
6—反应室外层；7—橡皮管及螺旋夹；8—冷凝管；9—蒸馏液接收瓶

⑤ 自动凯氏定氮仪：如图 1-9 所示。

【分析步骤】

(1) 凯氏定氮法

试样处理。称取充分混匀的固体试样 0.2～2g、半固体试样 2～5g 或液体试样 10～25g（约相当于 30～40mg 氮），精确至 0.001g，移入干燥的 100mL、250mL 或 500mL 定氮瓶中，加入 0.4g 硫酸铜、6g 硫酸钾及 20mL 硫酸，轻摇后于瓶口放一小漏斗，将瓶以 45°斜支于有小孔的石棉网上。小心加热，待内容物全部炭化、泡沫完全停止后，加强火力，并保持瓶内液体微沸，至液体呈蓝绿色并澄清透明后，再继续加热 0.5～1h。取下放冷，小心加入 20mL 水，待放冷后，移入 100mL 容量瓶中，并用少量水洗定氮瓶，洗液并入容量瓶中，再加水至刻度，混匀备用。同时做试剂空白试验。

按图 1-8 装好定氮蒸馏装置，向水蒸气发生器内装水至 2/3 处，加入数粒玻璃珠，加甲基红乙醇溶液数滴及数毫升硫酸，以保持水呈酸性，加热煮沸水蒸气发生器内的水并保持

图 1-9　自动凯氏定氮仪

沸腾。

　　向蒸馏液接收瓶内加入 10.0mL 硼酸溶液及 1～2 滴 A 混合指示液或 B 混合指示液，并使冷凝管的下端插入液面下，根据试样中氮含量，准确吸取 2.0～10.0mL 试样处理液由小玻杯注入反应室，用 10mL 水洗涤小玻杯并使之流入反应室内，随后塞紧棒状玻塞。将 10.0mL 氢氧化钠溶液倒入小玻杯，提起玻塞使其缓缓流入反应室，立即将玻塞塞紧，并水封。夹紧螺旋夹，开始蒸馏。蒸馏 10min 后移动蒸馏液接收瓶，使液面离开冷凝管下端，再蒸馏 1min。然后用少量水冲洗冷凝管下端外部，取下蒸馏液接收瓶。尽快以硫酸或盐酸标准滴定溶液滴定至终点，如用 A 混合指示液，终点颜色为灰蓝色；如用 B 混合指示液，终点颜色为浅灰红色。同时做试剂空白。

　　(2) 自动凯氏定氮仪法

　　称取充分混匀的固体试样 0.2～2g、半固体试样 2～5g 或液体试样 10～25g（约相当于 30～40mg 氮），精确至 0.001g，至消化管中，再加入 0.4g 硫酸铜、6g 硫酸钾及 20mL 硫酸于红外智能消化炉中进行消化。当消化炉温度达到 420℃后，继续消化 1h，此时消化管中的液体呈绿色透明状，取出冷却后加入 50mL 水，于自动凯氏定氮仪（使用前加入氢氧化钠溶液、盐酸或硫酸标准滴定溶液以及含有混合指示液 A 或 B 的硼酸溶液）上进行自动加液、蒸馏、滴定和记录滴定数据的过程。

　　【结果计算】

　　试样中蛋白质的含量按式(1.4) 计算：

$$X = \frac{(V_1 - V_2)c \times 0.0140}{m V_3 / 100} \times F \times 100 \qquad (1.4)$$

式中　X——试样中蛋白质的含量，g/100g；

　　　　V_1——试样消耗硫酸或盐酸标准滴定液的体积，mL；

　　　　V_2——试剂空白消耗硫酸或盐酸标准滴定液的体积，mL；

　　　　c——硫酸或盐酸标准滴定溶液浓度，mol/L；

　0.0140——1.0mL 硫酸 $[c(1/2H_2SO_4) = 1.000\text{mol/L}]$ 或盐酸 $[c(HCl) = 1.000\text{mol/L}]$

　　　　　　标准滴定溶液中氮的质量，g；

　　　　m——试样的质量，g；

V_3——吸取消化液的体积，mL；

F——氮换算为蛋白质的系数，各种食品的蛋白质折算系数见表1-9；

100——换算系数。

当蛋白质含量≥1g/100g时，结果保留三位有效数字；当蛋白质含量<1g/100g时，结果保留两位有效数字。当只检测氮含量时，不需要乘蛋白质折算系数F。

【精密度】

在重复性条件下获得的两次独立测定结果的绝对差值不得超过算术平均值的10%。

表 1-9　蛋白质折算系数表

食品类别		折算系数	食品类别		折算系数
小麦	全小麦粉	5.83	大米及米粉		5.95
	麦糠麸皮	6.31	鸡蛋	鸡蛋(全)	6.25
	麦胚芽	5.80		蛋黄	6.12
	麦胚粉、黑麦、普通小麦、面粉	5.70		蛋白	6.32
燕麦、大麦、黑麦粉		5.83	肉与肉制品		6.25
小米、裸麦		5.83	动物明胶		5.55
玉米、黑小麦、饲料小麦、高粱		6.25	纯乳与纯乳制品		6.38
油料	芝麻、棉籽、葵花籽、蓖麻、红花籽	5.30	复合配方食品		6.25
	其他油料	6.25	酪蛋白		6.40
	菜籽	5.53			
坚果、种子类	巴西果	5.46	胶原蛋白		5.79
	花生	5.46	豆类	大豆及其粗加工制品	5.71
	杏仁	5.18		大豆蛋白制品	6.25
	核桃、榛子、椰果等	5.30	其他食品		6.25

项目九

乳品中乳糖、蔗糖的测定

知识点　乳糖和蔗糖的测定原理

1. 高效液相色谱法

试样中的乳糖、蔗糖经提取后，利用高效液相色谱柱分离，用示差折光检测器或蒸发光散射检测器检测，外标法进行定量。

2. 莱因-埃农氏法

（1）乳糖　试样经除去蛋白质后，在加热条件下，以亚甲基蓝为指示剂，直接滴定已标定过的斐林氏液，根据样液消耗的体积，计算乳糖含量。

（2）蔗糖　试样经除去蛋白质后，其中蔗糖经盐酸水解为还原糖，再按还原糖测定。水解前后的差值乘以相应的系数即为蔗糖含量。

任务　高效液相色谱法测定乳糖和蔗糖

【试剂和材料】

除非另有说明，本方法所用试剂均为分析纯，水为 GB/T 6682—2008 规定的三级水。

（1）试剂

① 乙腈：分析纯，用于试剂配制。

② 乙腈：色谱纯，只用于高效液相色谱仪。

（2）标准溶液

① 乳糖标准贮备液（20mg/mL）：称取在（94±2）℃烘箱中干燥 2h 的乳糖标样 2g（精确至 0.1mg），溶于水中，用水稀释至 100mL 容量瓶中。放置 4℃冰箱中。

② 乳糖标准工作液：分别吸取乳糖标准贮备液①0mL、1mL、2mL、3mL、4mL、5mL 于 10mL 容量瓶中，用乙腈定容至刻度。配成乳糖标准系列工作液，浓度分别为 0mg/mL、2mg/mL、4mg/mL、6mg/mL、8mg/mL、10mg/mL。

③ 蔗糖标准溶液（10mg/mL）：称取在（105±2）℃烘箱中干燥 2h 的蔗糖标样 1g（精确至 0.1mg），溶于水中，用水稀释至 100mL 容量瓶中。放置 4℃冰箱中。

④ 蔗糖标准工作液：分别吸取蔗糖标准溶液③0mL、1mL、2mL、3mL、4mL、5mL 于 10mL 容量瓶中，用乙腈定容至刻度。配成蔗糖标准系列工作液，浓度分别为 0mg/mL、1mg/mL、2mg/mL、3mg/mL、4mg/mL、5mg/mL。

【仪器和设备】

① 天平：感量为 0.1mg。

② 高效液相色谱仪，带示差折光检测器或蒸发光散射检测器。

③ 超声波振荡器。

【分析步骤】

(1) 试样处理　称取固态试样 1g 或液态试样 2.5g（精确至 0.1mg）于 50mL 容量瓶中，加 15mL 50～60℃水溶解，于超声波振荡器中振荡 10min，用乙腈定容至刻度，静置数分钟，过滤。取 5.0mL 过滤液于 10mL 容量瓶中，用乙腈定容，通过 0.45μm 滤膜过滤，滤液供色谱分析。可根据具体试样进行稀释。

(2) 测定

① 参考色谱条件。色谱柱：氨基柱 ϕ4.6mm（内径）×250mm（长）、5μm（填料孔径），或具有同等性能的色谱柱；

流动相：$V_{乙腈}:V_{水}=70:30$；

流速：1mL/min；

柱温：35℃；

进样量：10μL；

示差折光检测器条件：温度 33～37℃；

蒸发光散射检测器条件：温度 85～90℃；

气流量：2.5L/min；

撞击器：关。

② 标准曲线的制作。将标准系列工作液分别注入高效液相色谱仪中，测定相应的峰面积或峰高，以峰面积或峰高为纵坐标，以标准系列工作液的浓度为横坐标绘制标准曲线。

③ 试样溶液的测定。将试样溶液注入高效液相色谱仪中，测定峰面积或峰高，从标准曲线中查得该试样溶液中糖的浓度。

【结果计算】

试样中糖的含量按式(1.5) 计算：

$$X=\frac{cV\times100n}{m\times1000} \tag{1.5}$$

式中　X——试样中糖的含量，g/100g；

c——样液中糖的浓度，mg/mL；

V——试样定容体积，mL；

n——样液稀释倍数；

m——试样的质量，g。

以重复性条件下获得的两次独立测定结果的算术平均值表示，结果保留三位有效数字。

【精密度】

在重复性条件下获得的两次独立测定结果的绝对差值不得超过算术平均值的 5%。

项目十

乳品中维生素 C 的测定

知识点　维生素 C 的测定原理

维生素 C（抗坏血酸）在活性炭存在下可氧化成脱氢抗坏血酸，与邻苯二胺反应生成荧光物质，用荧光分光光度计测定其荧光强度，其荧光强度与维生素 C 的浓度成正比，以外标法定量。

任务　乳品中维生素 C 的测定

【试剂和材料】

除非另有说明，本方法所用试剂均为分析纯，水为 GB/T 6682—2008 规定的三级水。

(1) 淀粉酶　酶活力 1.5U/mg，根据活力单位大小调整用量。

(2) 偏磷酸-乙酸溶液 A　称取 15g 偏磷酸及 40mL 乙酸（36%）于 200mL 水中，溶解后稀释至 500mL 备用。

(3) 偏磷酸-乙酸溶液 B　称取 15g 偏磷酸及 40mL 乙酸（36%）于 100mL 水中，溶解后稀释至 250mL 备用。

(4) 酸性活性炭　称取粉状活性炭（化学纯，80~200 目）约 200g，加入 1L 体积分数为 10% 的盐酸，加热至沸腾，真空过滤，取下结块于一个大烧杯中，用水清洗至滤液中无铁离子为止，在 110~120℃烘箱中干燥约 10h 后使用。

检验铁离子的方法：普鲁士蓝反应，将 20g/L 亚铁氰化钾与体积分数为 1% 的盐酸等量混合，将上述滤液滴入，如有铁离子则产生蓝色沉淀。

(5) 乙酸钠溶液　用水溶解 500g 三水乙酸钠，并稀释至 1L。

(6) 硼酸-乙酸钠溶液　称取 3.0g 硼酸，用乙酸钠溶液溶解并稀释至 100mL，临用前配制。

(7) 邻苯二胺溶液（400mg/L）　称取 40mg 邻苯二胺，用水溶解并稀释至 100mL，临用前配制。

(8) 维生素 C 标准溶液（100μg/mL）　称取 0.050g 维生素 C 标准品，用偏磷酸-乙酸溶液 A 溶解并定容至 50mL，再准确吸取 10.0mL 该溶液用偏磷酸-乙酸溶液 A 稀释并定容至 100mL，临用前配制。

【仪器和设备】

① 荧光分光光度计。

② 天平：感量为 0.1mg。

③ 烘箱：温度可调。

④ 培养箱：(45±1)℃。

【分析步骤】

(1) 试样处理

① 含淀粉的试样。称取约 5g（精确至 0.0001g）混合均匀的固体试样或约 20g（精确至 0.0001g）液体试样（含维生素 C 约 2mg）于 150mL 锥形瓶中，加入 0.1g 淀粉酶，固体试样加入 50mL 45～50℃的蒸馏水，液体试样加入 30mL 45～50℃的蒸馏水，混合均匀后，用氮气排除瓶中空气，盖上瓶塞，置于（45±1）℃培养箱内 30min，取出冷却至室温，用偏磷酸-乙酸溶液 B 转至 100mL 容量瓶中定容。

② 不含淀粉的试样。称取混合均匀的固体试样约 5g（精确至 0.0001g），用偏磷酸-乙酸溶液 A 溶解，定容至 100mL；或称取混合均匀的液体试样约 50g（精确至 0.0001g），用偏磷酸-乙酸溶液 B 溶解，定容至 100mL。

(2) 待测液的制备

① 试样及标准溶液的空白溶液。将上述试样及维生素 C 标准溶液转至放有约 2g 酸性活性炭的 250mL 锥形瓶中，剧烈振动，过滤（弃去约 5mL 初滤液），即为试样及标准溶液的滤液。然后准确吸取 5.0mL 试样及标准溶液的滤液分别置于 25mL、50mL 放有 5.0mL 硼酸-乙酸钠溶液的容量瓶中，静置 30min 后，用蒸馏水定容。

② 试样溶液及标准溶液。在静置的 30min 内，再准确吸取 5.0mL 试样及标准溶液的滤液于另外的 25mL 及 50mL 放有 5.0mL 乙酸钠溶液和约 15mL 水的容量瓶中，用水稀释至刻度。

③ 试样待测液。分别准确吸取 2.0mL 试样溶液及试样的空白溶液于 10mL 试管中，向每支试管中准确加入 5.0mL 邻苯二胺溶液，摇匀，在避光条件下放置 60min 后待测。

④ 标准系列待测液。准确吸取上述标准溶液 0.5mL、1.0mL、1.5mL 和 2.0mL，分别置于 10mL 试管中，再用水补充至 2.0mL。同时准确吸取标准溶液的空白溶液 2.0mL 于 10mL 试管中。向每支试管中准确加入 5.0mL 邻苯二胺溶液，摇匀，在避光条件下放置 60min 后待测。

(3) 测定

① 标准曲线的绘制。将标准系列待测液立刻移入荧光分光光度计的石英杯中，于激发波长 350nm、发射波长 430nm 条件下测定其荧光值。以标准系列荧光值分别减去标准空白荧光值为纵坐标，对应的维生素 C 质量浓度为横坐标，绘制标准曲线。

② 试样待测液的测定。将试样待测液按标准曲线的绘制方法分别测其荧光值，试样溶液荧光值减去试样空白溶液荧光值后在标准曲线上查得对应的维生素 C 质量浓度。

【结果计算】

试样中维生素 C 的含量按式(1.6) 计算：

$$X = \frac{cVf}{m} \times \frac{100}{1000} \tag{1.6}$$

式中　X——试样中维生素 C 的含量，mg/100g；

　　　V——试样的定容体积，mL；

　　　c——由标准曲线查得的试样待测液中维生素 C 的质量浓度，μg/mL；

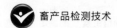

  m——试样的质量，g；

  f——试样稀释倍数。

  以重复性条件下获得的两次独立测定结果的算术平均值表示，结果保留至小数点后一位。

【精密度】

  在重复性条件下获得的两次独立测定结果的绝对差值不得超过算术平均值的10%。

【其他】

  本标准检出限为0.1mg/100g。

项目十一

乳品中碘的测定

知识点 碘的测定原理

试样中的碘在硫酸条件下可与丁酮反应生成丁酮与碘的衍生物，经气相色谱分离，电子捕获检测器检测，用外标法定量。

任务 乳品中碘的测定

【试剂和材料】

除非另有说明，本方法所用试剂均为分析纯，水为 GB/T 6682—2008 规定的三级水。

（1）试剂

① 高峰氏（taka-diastase）淀粉酶：酶活力≥1.5U/mg。

② 碘化钾（KI）或碘酸钾（KIO_3）：优级纯。

③ 丁酮（C_4H_8O）：色谱纯。

④ 硫酸（H_2SO_4）：优级纯。

⑤ 正己烷（C_6H_{14}）。

⑥ 无水硫酸钠（Na_2SO_4）。

⑦ 双氧水（3.5%）。吸取 11.7mL 体积分数为 30% 的双氧水稀释至 100mL。

⑧ 亚铁氰化钾溶液（109g/L）。称取 109g 亚铁氰化钾，用水定容于 1000mL 容量瓶中。

⑨ 乙酸锌溶液（219g/L）。称取 219g 乙酸锌，用水定容于 1000mL 容量瓶中。

⑩ 碘标准溶液

a. 碘标准贮备液（1.0mg/mL）：称取 131mg 碘化钾（精确至 0.1mg）或 168.5mg 碘酸钾（精确至 0.1mg），用水溶解并定容至 100mL，（5±1）℃冷藏保存，一周内有效。

b. 碘标准工作液（1.0μg/mL）：吸取 10mL 碘标准贮备液，用水定容至 100mL 混匀，再吸取 1.0mL，用水定容至 100mL 混匀，临用前配制。

（2）材料 婴幼儿乳粉。

【仪器和设备】

① 天平：感量为 0.1mg。

② 气相色谱仪，带电子捕获检测器。

【分析步骤】

（1）试样处理

① 不含淀粉的试样。称取混合均匀的固体试样 5g、液体试样 20g（精确至 0.0001g）于

150mL 锥形瓶中，固体试样用 25mL 约 40℃ 的热水溶解。

② 含淀粉的试样。称取混合均匀的固体试样 5g、液体试样 20g（精确至 0.0001g）于 150mL 锥形瓶中，加入 0.2g 高峰氏淀粉酶，固体试样用 25mL 约 40℃ 的热水充分溶解，置于 50～60℃ 恒温箱中酶解 30min，取出冷却。

（2）试样测定液的制备

① 沉淀。将上述处理过的试样溶液转入 100mL 容量瓶中，加入 5mL 亚铁氰化钾溶液和 5mL 乙酸锌溶液后，用水定容至刻度，充分振摇后静止 10min。滤纸过滤后吸取滤液 10mL 于 100mL 分液漏斗中，加 10mL 水。

② 衍生与提取。向分液漏斗中加入 0.7mL 硫酸、0.5mL 丁酮、2.0mL 双氧水，充分混匀，室温下保持 20min 后加入 20mL 正己烷振荡萃取 2min。静置分层后，将水相移入另一分液漏斗中，再进行第二次萃取。合并有机相，用水洗涤 2～3 次。通过无水硫酸钠过滤脱水后移入 50mL 容量瓶中用正己烷定容，此为试样测定液。

（3）碘标准测定液的制备 分别吸取 1.0mL、2.0mL、4.0mL、8.0mL、12.0mL 碘标准工作液，相当于 1.0μg、2.0μg、4.0μg、8.0μg、12.0μg 的碘，其他分析步骤同（2）。

（4）测定

① 参考色谱条件。色谱柱：填料为 5% 氰丙基-甲基聚硅氧烷毛细管柱（柱长 30m，内径 0.25mm，膜厚 0.25μm）或具同等性能的色谱柱。进样口温度：260℃。ECD 检测器温度：300℃。分流比：1∶1。进样量：1.0μL。程序升温见表 1-10。

表 1-10　程序升温

升温速率/(℃/min)	温度/℃	持续时间/min
	50	9
30	220	3

② 标准曲线的制作。将碘标准测定液分别注入气相色谱仪中（色谱图见图 1-10）得到标准测定液的峰面积（或峰高）。以标准测定液的峰面积（或峰高）为纵坐标，碘标准测定液中碘的质量为横坐标制作标准曲线。

③ 试样溶液的测定。将试样测定液注入气相色谱仪中得到峰面积（或峰高），从标准曲线中获得该试样中碘的含量（μg）。

【结果计算】

试样中碘含量按式(1.7) 计算：

$$X = \frac{C_s}{m} \times 100 \tag{1.7}$$

式中　X——试样中碘的含量，μg/100g；

C_s——从标准曲线中获得试样中碘的含量，μg；

m——试样的质量，g。

以重复性条件下获得的两次独立测定结果的算术平均值表示，结果保留至小数点后一位。

【精密度】

在重复性条件下获得的两次独立测定结果的绝对差值不得超过算术平均值的 10%。

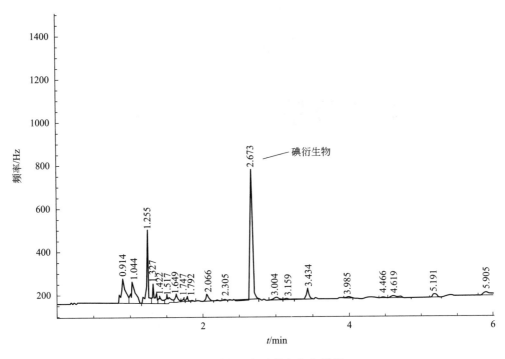

图 1-10　碘标准衍生物气相色谱图

【其他】

本标准检出限为 2.0μg/100g。

项目十二

乳成分测定仪的使用

知识点　MT-100 乳成分测定仪简介

MT-100 乳成分
测定仪测定
乳成分

1. 用途

MT-100 乳成分测定仪用来快速分析原料乳中脂肪、蛋白质、密度、非脂固形物、乳糖、灰分、冰点、加水率等指标。操作简便迅速，不需要任何化学试剂，在 90s 时间内可测定完成一个乳样的八个指标。

2. 主要技术参数

（1）测量参数　脂肪 0.50%～9.00%；蛋白质 1.00%～5.50%；密度 1.0260～1.0330g/cm³；非脂固形物 6.00%～12.5%；乳糖 0.01%～6.00%；灰分 0.05%～3%；冰点 −0.700～−0.250℃；加水率 0%～60.00%。

（2）性能指标　脂肪：重复性 C_v（变异系数）≤0.5%，准确度±0.1%；蛋白质：重复性 C_v≤0.5%，准确度±0.15%；密度：重复性 C_v≤0.5%，准确度±0.0005g/cm³；非脂固形物：重复性 C_v≤0.5%，准确度±0.2%；乳糖：重复性 C_v≤0.5%，准确度±0.15%；灰分：重复性 C_v≤0.5%，准确度±0.01%。

（3）外形、质量参数　外形尺寸：400mm×280mm×220mm；质量 8kg。

（4）使用条件　环境温度：5～35℃；相对湿度：不大于80%；电源电压：AC（交流电）（220±22）V；电源频率：（50±1）Hz；远离电磁场干扰源，避免强光直接照射，环境中无硫化氢、二氧化硫、氯气等腐蚀性气体。

3. 主要结构特征

本仪器主要由底座、外壳及有关部件组成。底座由金属板弯制而成，装有电源开关、控制板、吸样系统及检测装置等。外壳由 ABS 塑料制成，打印机、点阵 LCD 显示器及触摸键盘等安装在其上。仪器外形如图 1-11 所示。

4. 工作原理

超声波在液体中传播时，其传播的速度、信号衰减和辐射阻抗等性质与介质有关。声速、传播衰减与液体介质的浓度在一定范围内呈线性关系。因此，我们可以用超声法测定液体中的声速或用传播衰减来计算液体的浓度。对多组分液体介质，如果各组分间的相互作用可忽略的话，可以建立多变量模型同时测定多个组分的浓度。

超声波测试有以下几个特点：超声波仪器采用测量分散物质的体积浓度方式，测量对象

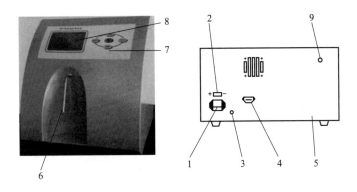

图 1-11　MT-100 乳成分测定仪

1—电源插座；2—电源开关；3—接地螺钉；4—RS232 接口；5—废液出口；
6—吸样管；7—薄膜面板；8—显示器；9—清洗口

一般不受限制，适用于浮化粒子等不均匀物质的悬浮粒子测量；对于浓度而言，输出信号呈直线标度，对于很宽的浓度范围都可以测量与控制；如果液体中存在气泡，超声波散射增加，会使测量精度降低甚至无法测量，因此应用超声波原理测量的一个原则就是检测系统不能混入气泡。

5. 安装与调整

安装调试前应检查仪器外观是否有损坏的痕迹，对照装箱单检查附件、备件是否齐全。

（1）安装场地要求　仪器安装场地应无灰尘，并无腐蚀性气体；无可感振动；无阳光直射；远离产生强烈电磁场或高频波的电器设备；安装仪器的平台足够稳固；仪器的侧面和后面应有足够空间。

（2）供电　本仪器使用 AC 220V、50Hz 电源，整机功耗为 50W。为确保测试结果更为精确，仪器主机与市电间应接电子交流稳压器。

（3）仪器安装　将电源线插上仪器电源插座，并接通电源。在仪器后面的废液出口处拔下保护套管，从仪器的附件袋中取出塑料管 $\phi 3.5 \times \phi 6$ 套上接嘴，另一端放入废液桶内。

（4）打印纸的安装

① 普通微型打印机。将打印机从仪器上拔出，打印纸一端剪成 90°状，将其插入打印纸入口内，打开仪器电源，按 SEL 按钮使指示灯熄灭，再按 LF 按钮，打印机电机转动将纸卷入并从打印纸出口处吐出，松开 LF 按钮，将打印机插回原处即可，见图 1-12。

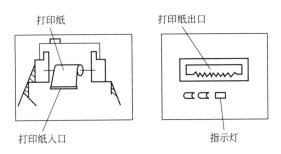

图 1-12　打印纸的安装

② 上装纸微型打印机。按打印机面板上 ▲ 按钮，使打印头机构从仪器内弹出，按住其面板轻轻将其往仪器后方推，打印头可旋转 90°。将打印纸卡在固定纸的弹性夹内，用剪刀

将打印纸一端剪成 90°状，将其插入打印纸入口内。打开仪器电源，按SEL按钮使指示灯熄灭，再按LF按钮，打印机走纸将纸卷入并从打印纸出口处吐出，松开LF按钮。按住打印机面板，轻轻将其复位（往仪器前方旋转 90°按下卡住）。再让打印机走纸，如果走纸不顺，则打印头位置没有恢复原位或被线卡住，应仔细检查。

（5）操作说明及注意事项

① 键盘功能介绍。本仪器的触摸键盘见图 1-11 薄膜面板。

a. 清除/冲洗双功能键，在不同界面有不同作用。

清除键：在系统设置菜单中编写日期、时间和在校准界面输入标准参数数字时，如数字输错，按"清除"键将这个数字清除，直接变为 0，重新输入。

冲洗键：在主菜单及测定界面中，按此键液泵吸液，对"检测器"管道进行冲洗，再按此键液泵停止抽吸。

b. 吸样键：在测定界面中，按此键液泵吸样。吸入样品量多少，由"确定吸样量"操作决定。

c. 返回键：返回上一级菜单。

d. 确认键：在编辑过程中，编好一参数需按此键确认才有效，否则无效；在"系统设置"菜单上确定打印机"开"或"关"时，也需用此键。

e. ▽/打印双功能键：在选择编写、编辑程序或选择执行程序时，按此键查寻项目名；在输入数字时用来查寻数字，按此键原有数字自动加 1。每测量完一个样品，按确认键后再按此键，仪器会自动打印其测量结果。

② 打印机及仪器旋钮介绍

a. ▲键：使打印头弹出（普通打印机没有此按钮）。

b. SEL键：使打印机在线或不在线（指示灯亮或灭）。

c. LF键：指示灯灭时，按此键打印机走纸。

③ 菜单结构。仪器具有丰富的菜单结构（如图 1-13 所示），采用人机对话的方式。操作者根据菜单中的有关提示操作键盘，即可实现仪器的操作。仪器处在某一状态时能够进行操作，一般在屏幕的最后一行给予提示。

④ 主菜单。仪器接通电源后，屏幕显示主菜单（菜单Ⅰ）及预热提示。主菜单中的内容即为仪器的主要功能模块。当预热结束后，通过查询键移动光标位置，选取需进行的操作模块。

6. 操作与使用

（1）预备

① 预热：仪器接通电源后，屏幕显示主菜单，同时显示"正在预热"，光标在预热后面闪烁，大约预热 3min 后，"正在预热"字样即消失，显示时钟。

② 乳样要求：乳样温度约在 15～30℃，如果乳样表面已结膜，请先将样品在水浴中加热到 40～45℃，搅拌均匀，再冷却到 25～30℃。乳样的酸度应小于 25°T。

（2）确定吸样量 吸样量在出厂时已调整好，在保证清洗质量的情况下，吸样量一般不会变化，用户不必调整。如发现吸样量明显减小，先分析原因，如果是日常清洗有问题，应让仪器随机配备的清洗液充满检测器，并浸泡 3～4h，再用 100mL 以上清水将检测器冲洗干净。再检测吸样量，若仍无法恢复至原来大小，可重新校准吸样量。

在屏幕显示主菜单时，按▽/打印键使光标移至"确定吸样量"，按确认键，屏幕显示菜

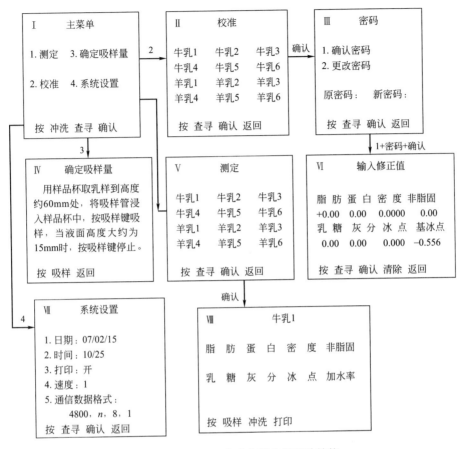

图 1-13　MT-100 乳成分测定仪菜单结构

单,屏幕提示:"用样品杯取乳样到高度约 60mm 处,将吸样管浸入样品杯中,按吸样键吸样,当液面高度大约为 15mm 时,按吸样键停止"。根据屏幕提示操作,以后仪器测量时吸入的样品量就以本次吸样量为准。

(3)系统设置　主菜单处按▽/打印键使光标移到"系统设置"前,按确认键,屏幕显示菜单。

① 日期设置:输日期的顺序为年、月、日,它们均为两位数,当光标移到日期,按确认键,光标就移至年份的十位数上,按▽/打印键,数字自动加 1,按确认键,光标移至年份个位数上。其他数字按此方法输入即可。

② 时间设置:类同①方法进行。

③ 打印:开或关。如用打印机,则设置"开",否则为"关",用确认键来换挡。

④ 速度:速度是用来描述整个测量过程的速率,分 0~3 挡,0 挡最快,3 挡最慢。一般选 1 挡,冬天可选 2 挡或 3 挡。

(4)校准　仪器测定值与样品标准值之间存在误差,这个误差若超出仪器的允许范围,就需要校准。进入校准后(菜单),先要选择校准项目,其中牛乳 1~6 项、羊乳 1~6 项,共 12 项。按▽/打印键,将光标移到需校准的项目前,按确认键进入密码输入程序(菜单)。

每个项目可设置一个密码,密码采用六位数,只有密码确认正确后才能进一步输入修正值(菜单)。为了防止他人随意输入修正值给测量带来误差,对自己设置的密码可以

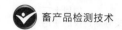

适时更改。更改时先输入原密码，仪器验证密码正确后，允许输入新密码，否则禁止操作。

在输入修正值前，应将仪器测定结果与其他方法测定值进行充分比对，如用传统的方法测定一批乳样中脂肪（盖勃氏法）、非脂固形物、密度（比重瓶法）、蛋白质（凯氏定氮法）含量。以此方法测定结果为标准值，再用仪器测定这些乳样，将所得结果与标准值进行比较，选择各乳样误差的平均值为修正值。此方法在实际操作时麻烦、费时，对有条件的用户，可以其他高档仪器测定结果作为标准值。

在菜单处，仪器只显示当前的修正值，实际修正值为每次修正值的累计。如果有多项指标需要修正，应先修正脂肪、非脂固形物，然后是密度、蛋白质等参数。修正完非脂固形物后，应重新回到测定界面测定若干样品，以验证非脂固形物修正后对蛋白质的影响，重新确定蛋白质的修正值，再进入校准界面进行下一数值修正。修正时应考虑到各参数的合理性，蛋白质、乳糖及灰分之和应接近于非脂固形物。

（5）清洗 为了保证仪器在良好的工作状态下运行，延迟关键部件的使用寿命，对管道系统清洗是日常维护的关键。仪器使用结束后应及时吸入清水以清洗检测器和管道内壁。

下述情况需要对仪器进行清洗：

① 两次测定间隔大于 0.5h 或一天工作结束时，按清除/冲洗键，用温水（介于 40～55℃蒸馏水或去离子水）进行冲洗。

② 每隔 3d 按附录用清洗剂进行清洗。（清洗剂按一包配 5L 蒸馏水）。

③ 每天将进样口处过滤器上的过滤件旋下，用牙刷将其清洗干净后，再将其旋上使用。

7. 测定

乳样必须经过过滤，否则乳样中的杂质会影响液泵与电磁阀工作的可靠性，出现此情况参照"6. 操作与使用"说明进行清洗。

在上述工作结束后，可以进行乳样测定。其测定步骤如下：

① 光标在主菜单"测定"项目前闪烁时，按确认键，屏幕显示"测定项目"选取（菜单）。

② 光标在子菜单"测定项目"中"牛乳 1"前闪烁时，用确认键或▽/打印键，选择"牛乳 1～6""羊乳 1～6"中一项，按确认键后，转入测定子菜单（菜单）。

③ 将需测定的乳样注入"样品杯"中，放下吸样管，按吸样键，液泵抽吸，仪器自动吸入乳样，待液泵停止后，屏幕上出现"正在测定"字样，并显示测量进程。测定结束后，屏幕上就显示测定的结果。

④ 测定结束后按▽/打印键，打印测定结果。

⑤ 为了节省时间，可在打印机打印的同时，按吸样键开始测定下一个乳样。

8. 维修、保养及故障排除

为了确保仪器在最佳状态下工作，必须对仪器进行必要的维修和保养，它包括吸样管道及过滤器的清洗；电磁阀故障的排除；打印机色带的更换。

（1）吸样管道及过滤器的清洗 为了保证测定的准确，保持吸样管道内部的清洁，建议每周用清洗剂进行清洗，然后用清水冲洗至中性。过滤器可防止大颗粒杂质进入检测器而影响仪器的测定结果，吸样时乳样中的一些杂质可能会吸附在其表面，随测定次数的增加，吸附成分可能会影响吸样量，为此定期对其进行清洗也是必要的。

（2）电磁阀故障与排除

① 电磁阀通电后不工作。检查电源线是否连接不良，如果是，重新接线和接插件的连接；检查电源电压是否在工作范围，如果不在，调整电源电压至正常范围；检查线圈是否脱焊，如果脱焊则需重新焊接；检查线圈是否短路，如果短路则需更换线圈；检查是否有杂质使电磁阀的主阀芯和动铁芯卡死，并进行清洗；如有密封件损坏应更换密封件，并进行乳样过滤。

② 电磁阀不能关闭。如果主阀芯或动铁芯的密封件损坏，更换密封件；如果有杂质进入电磁阀主阀芯或动铁芯，进行清洗；如果弹簧寿命已到或变形，请更换弹簧；如果节流孔、平衡孔堵塞，请及时清洗。

③ 其他情况。如有内泄漏情况，检查密封件是否损坏，弹簧是否装配不良；如有外泄漏情况，检查连接处是否松动或密封件是否损坏，继而旋紧螺丝或更换密封件；如通电时有噪声，检查电磁阀插头上固件是否松动，拧紧；如电压波动不在允许范围内，调整好电压；如动铁芯吸合面有杂质或不平，及时清洗或更换。

（3）打印机色带的更换 色带经使用一段时间后，打印的字符会字迹不清，这时就需要更换色带盒，更换色带盒按如下步骤进行：

① 取出打印头（对普通微型打印机）或按▲键弹出打印头（对上装纸微型打印机）。

② 取下打印头面板。

③ 用右手食指抬起色带盒右端，再用左手抬起左端。注意不要先抬左端再抬右端，否则会损坏色带盒，甚至损坏机头。

④ 取新的色带盒，握拿色带盒的姿势同步骤③，先将左端轻轻放在机头左端的齿轮轴上，右端稍微抬起，不要放下，这时如发现左端压下时较吃力，请再抬起色带盒，右手拿稳色带盒，左手姆指按住色带盒左端齿轮，按箭头方向稍微转动一下，再重新放下色带盒，这个过程也许要重复几次。如果发现色带盒左端容易放入机头的齿轮轴上，再用右手指压下色带盒右端，即安装好色带盒。

⑤ 装好打印头面板和打印纸，将打印头插回原处即完成打印机色带更换的全过程。

（4）其他故障及处理方法

其他故障现象、原因和解决方法见表 1-11。

表 1-11 其他故障现象、原因和解决方法

序号	故障现象	原因	解决方法
1	仪器通电后，屏幕一直显示"正在预热"	①电网强干扰 ②电路芯片接触不良(DS1302芯片)	①关机后重新开机即可 ②关机，打开机壳。检查并确保 DS1302 芯片、78E516B 芯片与插座接触良好
2	打印纸不走	打印纸被线卡住	安装打印机时注意将周围线理顺
3	测定结果出现非法字符	①乳变质或掺假 ②乳质特别好，如初乳 ③检测器中有气泡 ④长期清洗不当，导致检测器内壁结垢、信号衰减 ⑤检测器老化	①跟踪监督 ②稀释测量 ③刚挤出的乳应静置 30min 以上再测；检查吸样量是否过大、管道连接处是否漏气 ④用仪器配带的清洗液浸泡 3～4h，用硅胶管将仪器附带的注射器连接在清洗端口，反复吸样、排样，直到结垢软化排出，再用清水冲洗干净 ⑤与生产厂家联系

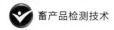

续表

序号	故障现象	原因	解决方法
4	测量样品时提示温度过高	①乳样温度过高 ②长期清洗不当,导致检测器内壁结垢、传热性能差	①乳样冷却后测量 ②用仪器配带的清洗液浸泡3～4h,用硅胶管将仪器附带的注射器连接在清洗端口,反复吸样、排样,直到结垢软化排出,再用清水冲洗干净
5	打印机面板指示灯不亮	①5V电源故障 ②打印机故障	①与厂家联系 ②更换同型号打印机
6	按吸样键不吸样	①泵或泵控制电路故障 ②管道连接处漏气 ③键盘故障	①与厂家联系(注:泵很贵) ②打开仪器将管道连接好 ③与厂家联系购买、更换
7	开机显示器不显示	①电源接触不良 ②电源开关故障	①电源线重新连接 ②与厂家联系

9. 运输、贮存

（1）吊装、运输注意事项　仪器在吊装时注意不得碰坏仪器包装物,在运输过程中应防止强烈冲击、雨淋和暴晒。

（2）贮存条件及注意事项　仪器的贮存温度为0～40℃,相对湿度不大于85%,室内无酸、碱及腐蚀性气体。

任务　优创乳成分分析仪测定牛乳成分

【试剂和材料】

牛乳乳样。

【仪器和设备】

优创乳成分分析仪（见图1-14）。

图1-14　UL40BC-优创乳成分分析仪

【分析步骤】

(1) 日常操作

① 开机。打开优创乳成分分析仪后面的电源开关。

② 预热。开启电源后,液晶屏显示"正在预热"字样,仪器处于预热状态。10min 后仪器显示"优创科技",表明已预热结束,可以使用。夏天预热 15min,春秋 30min,冬天 60min。

③ 清洗

a. 开始检测样品前的清洗:每天开机预热结束后,要用 35～40℃ 的蒸馏水自动清洗,再用乳样自动清洗。清洗方法是按功能键一次,用上下键搜索找到"清洗仪器"。按确认键一次,仪器显示"循环次数 01"表示进行 1 个清洗流程。如果此时用向上键增加数字变成"02"就代表进行 2 个清洗流程。再按确认键一次,出现"05"代表仪器开始往复吸吐 5 次,清洗完就可以检样了。

b. 检测样品期间的清洗:连续检测 20 个样品需要进行 2 个流程的自动清洗,一定要用 40℃ 的蒸馏水;检测中间间隔时间超过 10min 时应该用 40℃ 蒸馏水予以清洗。连续开机工作 3h 应关机休息 30min。

④ 用稳定性样品校正。稳定性样品是用于校正仪器,使仪器分析结果稳定的样品,如牛乳样品。要准备一套稳定性样品,每天要用此样品对仪器进行校正。

⑤ 检测样品。样品中的脂肪被完全分散开是很重要的,因此在测定前必须预热到 40℃,并保持 2min,要避免过长和过热加热样品,这样会导致脂肪分解。加热后摇一摇样品,将牛乳中可能存在的固体溶解,但要避免用力摇,使样品中产生气泡。之后要将其降温至 15～20℃,开始检测样品。方法是按功能键一次,用上下键搜索找到"牛乳检测"。按确认键一次,仪器显示样品编号"001",按向下键移动光标,按向上键增加数值。编完样品编号后,按确认键,出现牛乳质量(kg),用同样方法输入质量(kg)。按确认键开始吸入乳样检测。

⑥ 结果打印。检测结果出来后,按向上键,打印检测结果。

⑦ 关机。每日工作结束后,要用 40℃ 的蒸馏水自动清洗,清洗完之后,按功能键返回到检测牛乳状态,然后再关机。

(2) 仪器清洗

① 仪器的后清洗。每日工作结束后的清洗很重要,通常采用手动清洗。

a. 关机后,要用推进杆的另一端按逆时针方向旋开机顶盖,将推进杆插入蓄液管底座。

b. 在吸样管下放置 40℃ 以下蒸馏水,上下抽动推进杆数次,洗出残留物,将废液弃掉。

c. 在吸样管下放置"优创"专用清洗液,用推进杆吸入仪器内,停留 1h。之后上下抽动推进杆数次,洗出残留物,将废液弃掉。

d. 用 35～40℃ 的蒸馏水洗至中性。

e. 在吸样管下放置空杯,用推进杆将仪器内残留水分完全排出。取出推进杆,将机顶盖按顺时针方向旋紧(不要过紧)。

② 每周一次清洗。采取同上面一样的手动清洗方法,吸入浓度为 4% 的氢氧化钠溶液。在仪器内停留 5min,上下抽动推进杆数次,再用蒸馏水洗净。

(3) 定标

① 仪器的定标。选 5～10 个新鲜标准样品(最好是有梯度的),将标准样品混好后分成两部分,一部分用基准法测得手工数据;另一部分先加热至 40℃,再冷却至 30℃ 用于定标。

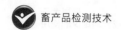

先用仪器像正常检样一样检测，记录检测结果，再用手工数据减去检测数据而求得偏差，再计算出平均偏差，即定标时要输入的数据。按如下方法定标：

按功能键一次，用上下键搜索找到"定标"，按确认键一次，仪器显示"定标密码1"用搜索键输入"11"，按确认键一次；仪器显示"定标密码2"用搜索键输入"10"，按确认键一次；仪器显示"定标密码3"用搜索键输入"11"，按确认键一次，仪器进入"存储定标值"功能，用搜索键选择要定标项目，用上下键改变数值来输入偏差，按确认键一次。每定标完一个项目，仪器都要检测一下样品，看看定标效果。接下来调整第二项，依次类推，直至所要调整项目完成。

② 电导率的定标。健康牛乳的电导率值是在 4～6mS/cm。其步骤是：

a. 开机预热以后，用 40℃的蒸馏水对仪器进行手动清洗。

b. 再用缓冲溶液自动清洗，将用后的缓冲溶液弃掉。

c. 按功能键一次，用上下键搜索找到"定标"，按确认键一次，仪器显示"定标密码1"用搜索键输入"11"，按确认键一次；仪器显示"定标密码2"用搜索键输入"10"，按确认键一次；仪器显示"定标密码3"用搜索键输入"11"，按确认键一次，仪器进入"存储定标值"功能，用搜索键选择电导率项目。按确认键，出现"放入标准液"，将缓冲剂置于吸样口下，按确认键，出现"检测牛乳"，稍等片刻出现"定标完成"。按功能键，仪器回到待机状态，将缓冲剂弃掉。

d. 重复步骤 c. 两次，以达到最佳定标效果。

（4）注意事项

① 优创乳成分分析仪的工作环境要求室温 15～30℃，相对湿度 30％～80％。

② 牛乳样品检测要求在 15～30℃。如果乳样出现表面结膜、凝结挂壁，要将乳样加热至 40～45℃，充分搅拌均匀后再冷却至 30℃以下进行检测，特别是经过冷藏的牛乳。经过反复吸吐的牛乳不可以用来检测，否则会影响结果。

③ 每天要检查仪器的气密性。检测牛乳时，吸入样品后，在液晶显示屏出现一个小黑格时，把乳样瓶拿走，看看进样口处是否滴乳。本仪器要求滴乳不得超过一滴。如果有滴乳现象，要打开机顶盖，检查其密封情况。

项目十三

乳和乳制品酸度的测定

知识点 1　乳的酸度和表示方法

1. 乳的滴定酸度

（1）乳的酸度　刚挤出的新鲜乳是偏酸的，这是由于乳中的蛋白质、柠檬酸盐、磷酸盐及二氧化碳等酸性物质所造成，这种酸度称为固有酸度或自然酸度。挤出后的乳在微生物作用下进行乳酸发酵，导致乳的酸度逐渐升高，这部分酸度称为发酵酸度。

固有酸度和发酵酸度的总和称为总酸度。乳的酸度越高，乳蛋白质对热的稳定性就越低，因此原料乳验收时酸度是一个必测项目，乳品生产过程中也经常需要测定乳的酸度。

（2）滴定酸度、吉尔涅尔度（°T）、乳酸百分率（%）　乳酸度的表示方式有多种。我国乳品工业中常用的酸度，是指用 0.1mol/L NaOH 标准溶液以滴定法测定的滴定酸度。滴定酸度亦有多种测定方法及其表示形式。我国滴定酸度用吉尔涅尔度（°T）或乳酸百分率（%）来表示。

测定滴定酸度（°T），是以酚酞为指示剂，中和 100mL 乳消耗 0.1mol/L NaOH 标准溶液 x mL，即 x °T。如消耗 18mL 即为 18°T。正常新鲜牛乳的滴定酸度为 14~18°T，一般为 16~18°T。

方法：取 10mL 牛乳，加 20mL 蒸馏水予以稀释，再加 0.5mL 指示剂，然后用 0.1mol/L NaOH 标准溶液滴定，按消耗的 0.1mol/L NaOH 溶液的体积（mL）［乘以 10 即为中和 100mL 牛乳所消耗的 0.1mol/L NaOH 溶液的体积（mL）］计算。

用乳酸百分率表示（美国、日本常用此法）时，滴定可按下列公式计算：

滴定酸度(乳酸百分率)(%)＝0.1mol/L NaOH 体积(mL)×0.009÷测定乳样质量(g)×100%

正常新鲜牛乳的滴定酸度用乳酸百分率表示时约为 0.136%~0.162%，一般为 0.15%~0.16%。

滴定酸度随试样稀释程度不同而不同。例如同一个试样牛乳，分不稀释、加 1 倍水稀释、加 9 倍水稀释三组，然后分别测定其酸度，结果分别为 0.172%、0.149%、0.110%。所以在做酸度测定时一定要按照滴定标准程序操作，否则结果就不准确。

2. 乳的 pH

以上讨论的是乳的滴定酸度，若从酸的含义出发，酸度可用氢离子浓度指数（pH）来表示，pH 可称为离子酸度或活性酸度。正常新鲜牛乳的 pH 6.4~6.8，而以 pH 6.5~6.7

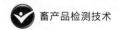

居多。一般酸败乳或初乳 pH 在 6.4 以下，乳房炎乳或低酸度乳 pH 在 6.8 以上。

知识点 2　乳制品酸度测定方法和原理

1. 乳粉酸度的测定

（1）基准法　中和 100mL 干物质为 12% 的复原乳至 pH 为 8.3 所消耗的 0.1mol/L 氢氧化钠体积，经计算确定其酸度。

（2）常规法　以酚酞作指示剂，硫酸钴作参比颜色，用 0.1mol/L 氢氧化钠标准溶液滴定 100mL 干物质为 12% 的复原乳至粉红色时所消耗的体积，经计算确定其酸度。

2. 乳及乳制品总酸度的测定

以酚酞作指示剂，用 0.1000mol/L 氢氧化钠标准溶液滴定 100g 试样至终点时所消耗的体积，经计算确定试样的酸度。

任务 1　0.1000mol/L 氢氧化钠溶液的配制和标定

【试剂和材料】

除非另有说明，本方法所用试剂均为分析纯，水为 GB/T 6682—2008 规定的三级水。

（1）试剂

① 邻苯二甲酸氢钾（基准级）。

② 氢氧化钠。

③ 酚酞。

（2）试剂配制　酚酞指示剂（10g/L）：称取 1.0g 酚酞溶于 75mL 体积分数为 95% 的乙醇中，并加入 20mL 水，然后滴加氢氧化钠溶液至微粉色，再加水定容至 100mL。

【仪器和设备】

① 天平：感量为 0.1mg。

② 滴定管：分刻度为 0.1mL，可精确至 0.05mL。

【分析步骤】

称取 110g 氢氧化钠，溶于 100mL 水中，摇匀，倒入聚乙烯容器中，密闭放置至溶液清亮。用塑料管虹吸上述溶液的上清液 5.4mL，注入 1000mL 无 CO_2 的蒸馏水中摇匀。称取于 105～110℃ 电烘箱中干燥至恒重的工作基准试剂邻苯二甲酸氢钾 0.3g（精准至 0.0001g），加无 CO_2 的蒸馏水 50mL 溶解，加 2 滴酚酞指示剂，用配制的氢氧化钠溶液滴定至溶液呈粉红色，并保持 30s，同时做空白试验。

【结果计算】

按式（1.8）计算：

$$c = \frac{m \times 1000}{(V - V_0) \times 204.2} \tag{1.8}$$

式中　c——氢氧化钠标准溶液的摩尔浓度，mol/L；

V——滴定时消耗氢氧化钠标准溶液的体积，mL；

V_0——空白试验消耗氢氧化钠标准溶液的体积，mL；

m——邻苯二甲酸氢钾的质量，g；

204.2——邻苯二甲酸氢钾的摩尔质量，g/mol。

任务 2　乳粉酸度的测定

【基准法】

（1）试剂和材料　除非另有规定，本方法所用试剂均为分析纯，水为 GB/T 6682—2008 规定的三级水。

① 氢氧化钠标准溶液：0.1000mol/L。

② 氮气。

（2）仪器和设备

① 天平：感量为 1mg。

② 滴定管：分刻度为 0.1mL，可精确至 0.05mL。

③ pH 计：带玻璃电极和适当的参比电极。

④ 磁力搅拌器。

（3）分析步骤

① 试样的制备。将样品全部移入约两倍样品体积的洁净干燥容器中（带密封盖），立即盖紧容器，反复旋转振荡，使样品彻底混合。在此操作过程中，应尽量避免样品暴露在空气中。

② 测定

a. 称取 4g 样品（精确至 0.01g）于锥形瓶中。

b. 用量筒量取 96mL 约 20℃ 的水，使样品复原，搅拌，然后静置 20min。

c. 用滴定管向锥形瓶中滴加氢氧化钠溶液，直到 pH 值达到 8.3。滴定过程中，始终用磁力搅拌器进行搅拌，同时向锥形瓶中吹氮气，防止溶液吸收空气中的二氧化碳。整个滴定过程应在 1min 内完成。记录所用氢氧化钠溶液的体积（mL）（精确至 0.05mL），代入式（1.9）计算。

【常规法】

（1）试剂和材料　除非另有规定，本方法所用试剂均为分析纯，水为 GB/T 6682—2008 规定的三级水。

① 氢氧化钠标准溶液：0.1000mol/L。

② 参比溶液：将 3g 七水硫酸钴（$CoSO_4 \cdot 7H_2O$）溶解于水中，并定容至 100mL。

③ 酚酞指示剂：称取 0.5g 酚酞溶于 75mL 体积分数为 95% 的乙醇中，并加入 20mL 水，然后滴加氢氧化钠溶液至微粉色，再加水定容至 100mL。

（2）仪器和设备

① 分析天平：感量为 1mg。

② 滴定管：分刻度为 0.1mL，可精确至 0.05mL。

（3）分析步骤

① 样品称取和溶解

a. 称取 4g 样品（精确至 0.01g）于锥形瓶中。

b. 用量筒量取 96mL 约 20℃ 的水，使样品复原，搅拌，然后静置 20min。

② 测定

a. 向其中一只锥形瓶中加入 2.0mL 参比溶液（七水硫酸钴溶液），轻轻转动，使之混合，得到标准颜色。如果要测定多个相似的产品，则此标准溶液可用于整个测定过程，但时

间不得超过 2h。

b. 向第二只锥形瓶中加入 2.0mL 酚酞指示剂，轻轻转动，使之混合。用滴定管向第二只锥形瓶中滴加氢氧化钠溶液，边滴加边转动锥形瓶，直到颜色与标准溶液的颜色相似，且 5s 内不消退，整个滴定过程应在 45s 内完成。记录所用氢氧化钠溶液的体积（mL）（精确至 0.05mL），代入式(1.9) 计算。

【结果计算】

试样中的酸度值以°T 表示，按式(1.9) 计算：

$$X_1 = \frac{c_1 V_1 \times 12}{m_1 (1-w) \times 0.1} \tag{1.9}$$

式中　X_1——试样的酸度,°T；

　　　　c_1——氢氧化钠标准溶液的浓度，mol/L；

　　　　V_1——滴定时所用氢氧化钠溶液的体积，mL；

　　　　m_1——称取样品的质量，g；

　　　　w——试样中水分的质量分数，g/100g；

　　　　12——12g 乳粉相当于 100mL 复原乳（脱脂乳粉应为 9，脱脂乳清粉应为 7）；

　　　　0.1——酸度理论定义氢氧化钠的摩尔浓度，mol/L。

以重复性条件下获得的两次独立测定结果的算术平均值表示，结果保留三位有效数字。

注：若以乳酸含量表示样品的酸度，那么样品的乳酸含量（g/100g）＝T×0.009。T 为样品的滴定酸度（0.009 为乳酸的换算系数，即 1mL 0.1mol/L 的氢氧化钠标准溶液相当于 0.009g 乳酸）。

【精密度】

在重复性条件下获得的两次独立测定结果的绝对差值不得超过 1.0°T。

任务 3　乳及其他乳制品中总酸度的测定

生鲜乳的酸度测定

【试剂和材料】

除非另有规定，本方法所用试剂均为分析纯或以上规格，水为 GB/T 6682—2008 规定的三级水。

① 中性乙醇-乙醚混合液：取等体积的乙醇、乙醚混合后加 3 滴酚酞指示剂，以氢氧化钠溶液（4g/L）滴定至微红色。

② 氢氧化钠标准溶液：0.1000mol/L。

③ 酚酞指示剂：称取 0.5g 酚酞溶于 75mL 体积分数为 95％的乙醇中，并加入 20mL 水，然后滴加氢氧化钠溶液至微粉色，再加水定容至 100mL。

【仪器和设备】

① 天平。感量为 1mg。

② 电位滴定仪。

③ 滴定管。分刻度为 0.1mL。

④ 水浴锅。

【分析步骤】

(1) 巴氏杀菌乳、灭菌乳、生乳、发酵乳 称取 10g（精确到 0.001g）已混匀的试样，置于 150mL 锥形瓶中，加入 20mL 新煮沸冷却至室温的水，混匀，用 0.1000mol/L 氢氧化钠标准溶液电位滴定至 pH＝8.3 为终点；或于溶解混匀后的试样中加入 2.0mL 酚酞指示剂，混匀后用 0.1000mol/L 氢氧化钠标准溶液滴定至微红色，并在 30s 内不褪色，记录消耗的氢氧化钠标准溶液体积（mL），代入式(1.10) 进行计算。

(2) 奶油 称取 10g（精确到 0.001g）已混匀的试样于锥形瓶中，加 30mL 中性乙醇-乙醚混合液，混匀，以下按上述"用氢氧化钠标准溶液电位滴定至 pH＝8.3 为终点……"操作。

(3) 干酪素 称取 5g（精确到 0.001g）经研磨混匀的试样于锥形瓶中，加入 50mL 水，于室温下（18～20℃）放置 4～5h，或在水浴锅中加热到 45℃并在此温度下保持 30min，再加 50mL 水，混匀后，通过干燥的滤纸过滤。吸取滤液 50mL 于锥形瓶中，用 0.1000mol/L 氢氧化钠标准溶液电位滴定至 pH＝8.3 为终点；或于上述 50mL 滤液中加入 2.0mL 酚酞指示剂，混匀后用氢氧化钠标准溶液滴定至微红色，并在 30s 内不褪色，将消耗的氢氧化钠标准溶液体积（mL）代入式(1.11) 进行计算。

(4) 炼乳 称取 10g（精确到 0.001g）已混匀的试样于 250mL 锥形瓶中，加 60mL 新煮沸冷却至室温的水溶解，混匀，以下按（1）中"用氢氧化钠标准溶液电位滴定至 pH＝8.3 为终点……"操作。

【结果计算】

试样中的酸度值以°T 表示，按式(1.10) 计算：

$$X_2 = \frac{c_2 V_2 \times 100}{m_2 \times 0.1} \tag{1.10}$$

式中　X_2——试样的酸度，°T；

　　　c_2——氢氧化钠标准溶液的浓度，mol/L；

　　　V_2——滴定时消耗氢氧化钠标准溶液体积，mL；

　　　m_2——试样的质量，g；

　　　0.1——酸度理论定义氢氧化钠的摩尔浓度，mol/L。

以重复性条件下获得的两次独立测定结果的算术平均值表示，结果保留三位有效数字。

$$X_3 = \frac{c_3 V_3 \times 100 \times 2}{m_3 \times 0.1} \tag{1.11}$$

式中　X_3——试样的酸度，°T；

　　　c_3——氢氧化钠标准溶液的浓度，mol/L；

　　　V_3——滴定时消耗氢氧化钠标准溶液体积，mL；

　　　m_3——试样的质量，g；

　　　0.1——酸度理论定义氢氧化钠的摩尔浓度，mol/L；

　　　2——试样的稀释倍数。

以重复性条件下获得的两次独立测定结果的算术平均值表示，结果保留三位有效数字。

【精密度】

在重复性条件下获得的两次独立测定结果的绝对差值不得超过 1.0°T。

项目十四

生乳冰点的测定

知识点　乳冰点检测意义和原理

1. 生乳冰点概念和检测意义

一个大气压下，水的冰点是0℃，但当纯水中有溶质时，溶质会妨碍水的结晶，使溶液的冰点下降，且下降度数与溶质浓度成正比。

牛乳中由于含有乳糖和可溶性盐类，使乳的冰点低于0℃，而乳中脂肪与冰点无关，蛋白质对冰点也无大影响。正常牛乳的乳糖及盐类含量受乳房生物系统渗透压控制，变化很少，所以冰点很稳定。

正常牛乳冰点−0.565～−0.525℃，平均−0.545℃。但当牛乳加水后，其冰点即变化，因此可通过冰点变化检出掺水量。

$$X = \frac{T - T_1}{T} \times 100\% \qquad (1.12)$$

式中　X——掺水量，%；

　　　T——正常乳的冰点，℃；

　　　T_1——被检乳的冰点，℃。

考虑到挤乳器的管道中会有水分残留，因此将检查是否掺水的"冰点警戒点"设为−0.507℃，如果乳样冰点显示为−0.506℃，那么乳样就被判定为掺水；如果为−0.507℃以下，乳样就可通过检验。

2. 冰点测定的原理

检测时在样品管中放入一定量（2.2mL）样品，置于冷阱中，于冰点以下制冷。当环境温度低于牛乳冰点温度时，乳样温度也直线下降达到冰点以下，但不冻结，这种现象称为"过度冷却"，过冷能达到的温度下限叫"过冷点"，乳样在过冷点处开始结冰。随着乳样结冰，释放出相变焓（1kg 0℃的水结冰时放热334.4kJ），这样温度会突然回升。在乳样未完全结冰前释放的相变焓和从环境吸收的冷量会建立一种平衡关系，表现为温度至一点不动，这一平衡点就是乳样冰点。我们通常通过观察这种现象检测乳样的冰点。

将生乳样品过冷至适当温度，当被测乳样冷却到−3℃时，通过瞬时释放热量使样品产生结晶，待样品温度达到平衡状态，并在20s内温度回升不超过0.5m℃，此时的温度即为样品的冰点。

3. 热敏电阻冰点仪的构造

（1）检测装置及冷却装置　温度传感器为直径（1.60±0.4)mm的玻璃探头，在0℃时

的电阻在 $3 \sim 3 \times 10^4 \Omega$ 之间。传感器转轴的材质和直径应保证向样品的热传递值控制在 $2.5 \times 10^{-3} J/s$ 以内。当探头在测量位置时，热敏电阻的顶部应位于样品管的中轴线，且顶部离内壁与管底保持相等距离（见图 1-15）。温度传感器和相应的电子线路在 $-600 \sim -400 m℃$ 之间，测量分辨率为 $0.001℃$。冷却装置应保证冷却液体的温度恒定在（-7 ± 0.5）℃。仪器正常工作时，此循环系统在 $-600 \sim -400 m℃$ 范围之间任何一个点的线性误差应不超过 $1m℃$。

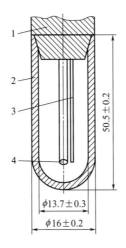

图 1-15　热敏电阻冰点仪检测装置（单位：mm）

1—顶杆；2—样品管；3—搅拌金属棒；4—热敏探头

(2) 搅拌金属棒　耐腐蚀，在冷却过程中搅拌测试样品。搅拌金属棒应根据相应仪器的安放位置来调整振幅。正常搅拌时金属棒不得碰撞玻璃传感器或样品管壁。

(3) 结晶装置　当测试样品达到 $-3.0℃$ 时，启动结晶的机械振动装置，在结晶时使搅拌金属棒在 $1 \sim 2s$ 内加大振幅，使其碰撞样品管壁。

4. 冰点仪校准用标准溶液、显示温度值

(1) 冰点仪校准用标准溶液　冰点测定的准确程度与冰点仪校准所使用的标准溶液有关。标准溶液是已知溶液的冰点。通常有两种液体可用作标准溶液：纯水和 0.9% 的 NaCl 标准溶液，纯水的冰点为 $0.000℃$ 而 0.9% NaCl 标准溶液的冰点为 $-0.54℃$。在配制标准溶液时，要考虑到下列因素能引起冰点测定误差：

① 水的质量：20℃时 1L 水重 998.23g，4℃时 1L 水重 1000g，注意要量取 1000g 水而不是 1L 水。

② 水的纯度：极个别杂质的存在都会因杂质的分子量而引起误差，分子量越小引起的误差越大。1kg 水中含有 1mmol NaCl，可使冰点下降 $0.0037℃$。

③ 溶质质量：在配制含特殊溶质的标准溶液时，溶质质量的称重必须极其准确。对于 NaCl 来说，1kg 水中多含有 15mg NaCl 可使冰点下降 $0.001℃$。

④ 溶质纯度：使用标准级试剂很重要，这样会减少杂质介入。某些试剂是水合物，用这种试剂配制标准溶液，会使冰点上升。

(2) 冰点仪显示的温度值　如果使用 Hortvert 冰点仪来测定牛乳冰点，冰点仪会同时显示两种温度值：

① degrees centigrade/℃：摄氏度。

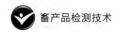

② degrees Hortvert/°H：由冰点测定法发明者 Hortvert 本人所规定的温度值，这两种温度值之间的关系是：

$$℃=0.96418×(°H)+0.00085$$
$$°H=1.03711×(℃)-0.00085$$

任务　牛乳冰点测定操作

【试剂和材料】

除非另有说明，本方法所用试剂均为分析纯或以上等级，水为 GB/T 6682—2008 规定的二级水。

(1) 试剂

① 乙二醇（$C_2H_6O_2$）。

② 氯化钠（NaCl）。

(2) 试剂制备

① 氯化钠（NaCl）。将氯化钠磨细后置于干燥箱中，（130±2）℃干燥 24h 以上，于干燥器中冷却至室温。

② 冷却液。量取 330mL 乙二醇于 1000mL 容量瓶中，用水定容至刻度并摇匀，其体积分数为 33%。

(3) 氯化钠标准溶液

① 标准溶液 A：称取 6.763g 氯化钠，溶于（1000±0.1）g 水中。将标准溶液分装贮存于容量不超过 250mL 的聚乙烯塑料瓶中，并置于 5℃左右冰箱冷藏，保存期限为两个月。其冰点值为-400m℃。

② 标准溶液 B：称取 9.475g 氯化钠，溶于（1000±0.1）g 水中。将标准溶液分装贮存于容量不超过 250mL 的聚乙烯塑料瓶中，并置于 5℃左右冰箱冷藏，保存期限为两个月。其冰点值为-557m℃。

③ 标准溶液 C：称取 10.220g 氯化钠，溶于（1000±0.1）g 水中。将标准溶液分装贮存于容量不超过 250mL 的聚乙烯塑料瓶中，并置于 5℃左右冰箱冷藏，保存期限为两个月。其冰点值为-600m℃。

【仪器和设备】

① 分析天平。感量为 0.0001g。

② 热敏电阻冰点仪。

③ 干燥箱。温度可控制在（130±2）℃。

④ 样品管。硼硅玻璃，长度为（50.5±0.2)mm，外部直径为（16.0±0.2)mm，内部直径为（13.7±0.3)mm。

⑤ 称量瓶。

⑥ 容量瓶。1000mL，符合 GB/T 12806—2011 等级 A 的要求。

⑦ 干燥器。内有硅胶和湿度计。

⑧ 移液器。1~5mL。

⑨ 聚乙烯瓶。容量不超过 250mL。

【分析步骤】

(1) 试样制备　测试样品要保存在 0~6℃的冰箱中并于 48h 内完成测定。测试前样品应放至室温，且测试样品和氯化钠标准溶液在测试时的温度应保持一致。

（2）仪器预冷 开启热敏电阻冰点仪，等热敏电阻冰点仪传感探头升起后，打开冷阱盖，按生产商规定加入相应体积冷却液 [乙二醇（$C_2H_6O_2$）]，盖上盖子，进行冰点仪预冷。预冷30min后，开始测量。

（3）校准

① 原则。校准前应按表1-12配制不同冰点值的氯化钠标准溶液。可选择表1-12中两个不同冰点值的氯化钠标准溶液进行仪器校准，两个氯化钠标准溶液冰点值差不应少于100m℃，且要覆盖到被测样品相近冰点值范围。

表1-12　氯化钠标准溶液的冰点

氯化钠溶液/(g/kg)	氯化钠溶液①(20℃)/(g/L)	冰点/m℃
6.763	6.731	−400.0
6.901	6.868	−408.0
7.625	7.587	−450.0
8.489	8.444	−500.0
8.662	8.615	−510.0
8.697	8.650	−512.0
8.835	8.787	−520.0
9.008	8.959	−530.0
9.181	9.130	−540.0
9.354	9.302	−550.0
9.475	9.422	−557.0
10.220	10.161	−600.0

① 当称取此列中氯化钠的量配制标准溶液时，应将水煮沸，冷却保持至（20±2）℃，并定容至1000mL。

② 仪器校准

a. A校准。分别取2.5mL标准溶液A，依次放入三个样品管中，在启动后的冷阱中插入装有校准溶液A的样品管。当重复测量值在（−400±2）m℃校准值时，完成校准。

b. B校准。分别取2.5mL标准溶液B，依次放入三个样品管中，在启动后的冷阱中插入装有校准溶液B的样品管。当重复测量值在（−557±2）m℃校准值时，完成校准。

c. C校准。测定生羊乳时，还应使用C校准。分别取2.5mL标准溶液C，依次放入三个样品管中，在启动后的冷阱中插入装有校准溶液C的样品管。当重复测量值在（−600±2）m℃校准值时，完成校准。

③ 质控校准。在每次开始测试前应使用质控校准。连续测定乳样时，冰点仪每小时至少进行一次质控校准。如两次测量的算术平均值与氯化钠标准溶液（−512m℃）差值大于2m℃，应重新开展仪器校准。

（4）样品测定 轻轻摇匀待测试样，应避免混入空气产生气泡。移取2.5mL试样至一个干燥、清洁的样品管中，将样品管放到已校准热敏电阻冰点仪的测量孔中。开启冰点仪冷却试样，当温度达到（−3.0±0.1）℃时试样开始冻结，当温度达到平衡（在20s内温度回升不超过0.5m℃）时，冰点仪停止测量，传感探头升起，显示温度即为样品冰点值。测试结束后，应保证探头和搅拌金属棒清洁、干燥。

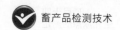

如果试样在温度达到（-3.0±0.1)℃前已开始冻结，需重新取样测试。如果第二次测试冻结仍然太早发生，那么将剩余的样品于（40±2)℃加热 5min，以融化结晶脂肪，再重复样品测定步骤。

测定结束后，移走样品管，并用水冲洗温度传感器、搅拌金属棒并擦拭干净。

记录试样的冰点测定值。

【结果计算】

生乳样品的冰点测定值取两次测定结果的平均值，单位以 m℃计，结果保留三位有效数字。

【精密度】

在重复性条件下获得的两次独立测定结果的绝对差值不超过 4m℃。

【其他】

方法检出限为 2m℃。

项目十五

鲜乳中抗生素残留检验

知识点 1　牛乳中抗生素残留的原因及其危害性

抗生素，是指由微生物（包括细菌、真菌、放线菌属）或高等动植物在生活过程中所产生的具有抗病原体或其他活性的一类次级代谢产物，是能干扰其他生活细胞发育功能的化学物质。临床上常用的抗生素有微生物培养液中的提取物以及用化学方法合成或半合成的化合物。抗生素等抗菌剂的抑菌或杀菌作用，主要是采用"细菌有而人（或其他动植物）没有"的机制进行杀伤，包含四大作用机理，即：抑制细菌细胞壁合成，增强细菌细胞膜通透性，干扰细菌蛋白质合成以及抑制细菌核酸复制转录。

在奶牛场抗生素的主要用途是治疗奶牛临床型、隐性型乳房炎和子宫内膜炎。乳房内灌注法就是将药物直接注入乳房，通过乳腺管进入某个已感染区进行消炎。奶牛在接受这种治疗后，乳中的药物残留期可延缓到停药后 3~5d，抗生素也可以通过作为饲料添加剂、肌内或静脉注射、子宫投药等方式进入乳内。如果在治疗后停止用药时间不够，或无意中将正在接受治疗的奶牛分泌的牛乳挤入贮乳罐，或用药过量使得患病奶牛分泌含抗生素牛乳的时间延长，均可能导致原料乳中抗生素超标。美国食品药品监督管理局（FDA）调查显示，用药不当是导致牛乳中抗生素残留的主要原因。奶牛使用头孢霉素和青霉素治疗乳房炎后药物残留情况如表 1-13 所示。

表 1-13　奶牛使用抗生素后牛乳药物残留情况

停药后时间/d	抗生素残留阳性检出率/%	
	头孢霉素(乳管注药)	青霉素(肌内注射)
1	35	27
2	21	20
3	12	13

对于食品中药物残留是否引起严重后果仍有争议，特别是对药物残留的长期影响还不清楚。目前可以肯定的是如果含有致敏抗生素的牛乳被敏感人群饮用，可引起食用者过敏反应，严重时可危及生命。据报道，英国一位对青霉素高度敏感的病人，食用约含 $10IU/mL$ 青霉素的商品牛乳后，发生了变态反应。某些抗生素具有一定毒性，长期食用对服用者的肝肾功能具有一定损伤，甚至有致癌、致畸、致突变作用，并且可引起长期服用者体内耐药菌增加，导致当有重大疾病需治疗时抗菌药物失效。

从乳制品加工的角度来看，原料乳中抗生素残留物可严重干扰发酵乳制品的生产，抗生素可严重影响干酪、黄油、发酵乳的发酵和后期风味的形成。

知识点 2　牛乳中抗生素残留的常用检测方法

最高残留限量（maximum residue limit，MRL），是对食品动物用药后产生的允许存在于食品表面或内部的该兽药残留的最高量。检查分析发现样品中药物残留高于最高残留限量，即为不合格产品，禁止生产、出售和贸易。我国农业部在 2002 年发布了《动物性食品中兽药最高残留限量》标准，其中对常用兽药及其标志残留物在不同动物品种组织中的最高残留限量（MRL）确定了具体的标准，并且对相关的名词术语进行了解释。为了使原料乳和乳制品中抗生素残留量符合 MRL 要求，奶牛场、乳制品厂、政府监督部门都在努力寻求准确、可行的抗生素检测方法，许多大型化学试剂和仪器公司也在致力于开发抗生素残留量的检测方法和仪器。目前抗生素残留的检测方法很多，基本上可以分为三大类：一是微生物受阻检测方法；二是生物免疫学检测方法；三是仪器分析检测方法。下面简单介绍各种检测方法。

1. 微生物受阻检测方法

检验牛乳中抗生素残留量的传统方法是"微生物受阻检测方法"（如图 1-16 所示）。一般是在被检测乳样中培养对抗生素敏感的微生物，如果样品中没有抗生素存在，由于微生物的生长可以观察到培养基变混浊、不透明，或由于微生物产酸导致培养基中预先加入的酸碱指示剂发生颜色变化；如果有抗生素或其他抑菌物质存在则会观察到培养基上有抑菌圈形成或者培养基仍旧透明，或者没有颜色的变化。这种试验虽然也可以检测到磺胺类和其他抗生素的存在，但对 β-内酰胺类抗生素尤为敏感。这类检测方法可靠性高、操作简单、费用低，但必须经过几个小时的培养过程才能观察到结果。

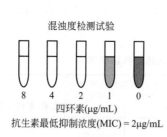
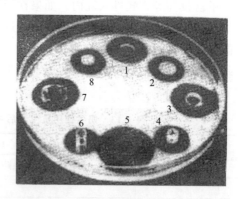

图 1-16　混浊度检测法和微生物受阻检测法

1,3,7—打孔法；2,8—纸片法；4,6—管碟法；5—直接滴样法

我国鲜乳中抗生素残留量检验标准（GB 4789.27—2008）中的嗜热乳酸链球菌（*Streptococcus thermophilus*）抑制法，还有二十世纪六七十年代国外普遍采用的抑菌圈检测试验、混浊度检测试验均属于此类。

嗜热乳酸链球菌（*Streptococcus thermophilus*）抑制法检测原理为样品经过 80℃ 杀菌后，添加嗜热乳酸链球菌菌液。培养一段时间后，嗜热乳酸链球菌开始繁殖。这时候加入代谢底物 2,3,5-氯化三苯四氮唑（TTC），若该样品中不含有抗生素或抗生素的浓度低于检出限，嗜热乳酸链球菌将继续增殖，还原 TTC 为红色物质。相反，如果样品中含有高于检出

图中文字：
混浊度检测试验
8　4　2　1　0
四环素(μg/mL)
抗生素最低抑制浓度(MIC) = 2μg/mL

图中标号：1　2　3　4　5　6　7　8

限的抗生素，则嗜热乳酸链球菌受到抑制，因此 TTC 不还原，保持原色。

嗜热脂肪芽孢杆菌（*Bacillus stearothmophilus* var.）抑制法检测原理为培养基预先混合嗜热脂肪芽孢杆菌芽孢，并含有 pH 指示剂（溴甲酚紫），加入样品并孵育后，若该样品中不含有抗生素或抗生素浓度低于检出限，细菌芽孢将在培养基中生长并利用糖产酸，pH 指示剂将由紫色变为黄色。相反，如果样品中含有高于检出限的抗生素，则细菌芽孢不会生长，pH 指示剂的颜色保持不变，仍为紫色。

为了使这类试验更加易于操作，荷兰 Gist-brocades BV 公司开发了 Delovotest P、Delovotest SP、Delovotest Cow Test、Delovotest MCS 检测系列。Delovotest P 成型于 20 世纪 70 年代，主要用于检测内酰胺类抗生素。装在小型安瓿瓶或者微孔板微孔中的琼脂里，含有用微胶囊包裹的标志微生物——嗜热脂肪芽孢杆菌的芽孢和 pH 指示剂（溴甲酚紫），同时包装内附有一瓶营养药片。当进行检验时将营养药片与乳样同时放在琼脂上，在 64℃ 条件下培养 3h，如果培养基颜色由紫变黄表示抗生素残留阴性，颜色不变则表示阳性。琼脂装在小型安瓿瓶里的格式适用于小规模和单个试验；微孔板格式（图 1-17）一次可同时检测 96 个乳样，适用于大批量乳样检测。Delovotest P 已经在全世界通用，可以检测到 0.005IU/mL 浓度的青霉素 G。

图 1-17　微孔板型牛乳抗生素检测试剂盒和加热器（控温范围 22～80℃）

Delovotest SP 则可检测包含 β-内酰胺类抗生素在内的更多种抗生素，如磺胺类、泰乐霉素、红霉素、链霉素、庆大霉素、三甲氧苄二氨嘧啶等抗生素。Delovotest SP 的包装、用法基本与 Delovotest P 相同，只是培养时间缩短为 2h，对青霉素 G 的敏感度可提高到 0.003～0.004 IU/mL。Delovotest Cow Test 与 Delovotest P 小型安瓿瓶格式除包装不同外，内容物和用法基本相同，还配有加热器，更适合奶牛场水平使用。Delovotest MCS 是微孔板型的 Delovotest SP，但营养试剂已直接加入琼脂内，使用时无须再添加营养药片，操作更方便、成本更低、但保质期变短，适用于大型检测中心使用。

美国 Charm Science 股份有限公司也推出了类似的系列检测方法。Charm AIM-96 检测试剂盒是一种与 Delovotest MCS 相似的检测技术，一次可同时检测 96 个乳样，能检测到 β-内酰胺类、磺胺类、四环素类、大环内脂类、氨基糖苷类等抗生素。与 Delovotest SP 不同的是它用液体培养基代替了琼脂培养基，培养时间一般为 3～4h。Charm Farm 试剂盒是 Charm AIM-96 的试管格式，适合奶牛场水平使用。

除以上介绍的常用检测方法外，目前市场上还可见到类似的 ECLIPSE 乳制品抗生素检测试剂盒（如图 1-18 所示）、Valio T101 试剂盒等其他六家公司生产的相类似产品。值得一提的是芬兰 Valio 公司开发的 Valio T102 检测法，利用基因工程技术将能够发出荧光的质粒引入嗜热乳酸链球菌。检测时将这种细菌作为标志微生物放入乳样中进行培养，大约 2h 后

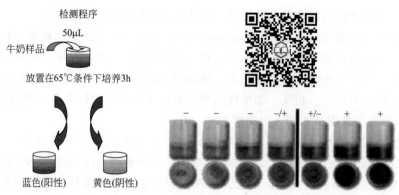

图 1-18　ECLIPSE 乳制品抗生素检测试剂盒的检测过程和结果比较

用荧光计进行检测，并与标准样进行对比，如果强度不够则说明嗜热乳酸链球菌的生长繁殖受到了抑制，乳样中有抗生素存在。

2. 生物免疫学检测方法

由于对抗生素残留快速检测方法的需求，众多开发商瞄准了免疫学检测法。免疫学检测法是酶联免疫分析法（ELISA）的一个变换形式，抗生素多为小分子半抗原，宜采用竞争性原理，使样品中的抗生素与标记抗生素竞争与固定抗体或广谱受体结合，然后进行冲洗和显色。标记抗生素与固定抗体或广谱受体形成的复合体，因为标记物的作用可形成有色物质或发光物质；乳制品中残留抗生素与固定抗体或广谱受体形成的复合体，因为没有标记物，无法形成有色物质或发光物质。通过测定色度或光度并与参比物对照，就可以判断结果呈阴性还是阳性。因为应用竞争性原理，最终的反应结果颜色越深或光度越强表示阴性，反之表示阳性。目前用作标记物的有：放射性核素、荧光物质、酶和酶作用底物、胶体金、化学发光剂、量子点。下面介绍一些市场常见产品。

（1）用酶作为标记物的免疫学检测法

美国 IDEXX 实验室生产的针对检测 β-内酰胺类抗生素的 LacTek 内酰胺检测法是一种适合在实验室进行的检测法，7min 就可得出结果，检测原理如图 1-19 所示。检测时将乳样

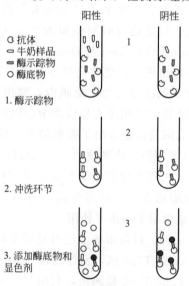

图 1-19　LacTek 内酰胺检测法的检测原理

和竞争性酶示踪物（酶标记过的 β-内酰胺类抗生素）加入有固定抗体（β-内酰胺类抗生素抗体）的试管中，在室温下振荡，使乳样中的抗生素与酶示踪物竞争与固定抗体结合，然后将试管用冲洗液冲洗，随后加入显色剂，显色结果用分光光度计检测。如果乳样中有抗生素残留，则会抢占酶示踪物的结合位点，使酶示踪物在冲洗时被洗掉，酶的作用因而减弱甚至消失，加入显色剂后，形成的色度较浅或者并无显色现象。LacTek 内酰胺检测法具有高度特异性，头孢菌素不能被检测出来。LacTek 其他针对检测四环素类、磺胺类、庆大霉素类及氯霉素类的检测系列也已分别被开发出来。

荷兰 Gist-brocades BV 公司开发的 Delvo X-Press lactam Ⅱ 检测法与 LacTek 检测法的试验原理基本相同，有一种试管格式适合实验室使用，它保温、比色均在一个被称为"培养箱-振荡器-阅读器-打印机"的综合设备内完成，整个检测过程需要 7min 时间，既可以检测青霉素也可以检测头孢菌素。

美国 Advanced Instruments 公司开发的 The Beta Screen 检测法则是利用 4-甲基伞型酮基-β-D-吡喃半乳糖苷-6-磷酸钠盐能被碱性磷酸酶（alkalinephoaohatase，AP）分解发出荧光的原理对乳样进行检测。测定时将乳样与被碱性磷酸酶标记的青霉素抗原同时加入固定有青霉素抗体的试管内，放入培养器进行保温。乳样中青霉素将与被碱性磷酸酶标记的青霉素抗原竞争与青霉素抗体结合，然后用含 4-甲基伞型酮基-β-D-吡喃半乳糖苷-6-磷酸钠盐的显色剂冲洗试管，进一步用分光光度计检测荧光强度，最终与青霉素标准溶液反应结果相对照就可得出结论。检测时间需 10min，对青霉素有高度特异性，不能检测头孢菌素。

美国 IDEXX 实验室开发的 SNAP 检测法，配备器具见图 1-20，由一个样品管、一个移液管和一个装有试剂的一次性塑料装置，也称为"摁扣"的装置组成，它利用毛细管现象拖拽乳样和酶示踪物试剂通过固定抗体。整个实验基本上是在干燥状态下进行，它既可用于奶牛场、乳品加工厂，也可用于实验室。乳样首先被加入样品管，放入加热套保温一段时间（所检抗生素不同，时间不等），然后倒入 SNAP 装置一端的加样孔里，乳样将沿着滤纸条向前流淌；30s 后，将 SNAP 装置摁下，将显色剂从滤纸条的另一端加入；10min 后装置的中部出现两个色点（控制点和检测点）；将其色度用肉眼或比色计进行对比，就可得出检测结果。SNAP 试剂盒可对青霉素类、头孢菌素类、四环素类、磺胺类、庆大霉素类等抗生素进行检测。

图 1-20　SNAP 检测法配备器具

（2）用荧光物质作为标记物的免疫学检测法

另一种美国 IDEXX 实验室开发获得专利的检测方法是 Parallux 检测系统，整个检测过程只需 4min，被称为固相荧光免疫分析系统。它将泵、离心机、荧光检测仪等一系列设备有机的联结在一起，是集加样、混匀、保温、读数为一体的自动快速抗生素残留检测设备。它的检测原理与前面所述的稍有不同，它是将特定抗生素类群固定，却将特定抗体或广谱受体做成游离的反应物。检测仪器包括两部分——样品处理部分和读数部分，检测在含有 4 根毛细管的一次性反应盒里进行，乳样加入加样盘后仪器就开始工作。乳样首先与涂抹在加样盘上用荧光物质标记的抗体混合，如果乳样中含有抗生素，抗生素将与用荧光物质标记的抗体结合；然后乳样被吸入涂有固定不同族谱抗生素的 4 根毛细管里，在这里未被结合的抗体将与抗生素结合；随后乳样被自动保温和冲洗；最后将一次性反应盒放在读数部分，通过测量释放的荧光强度判断结果，荧光强度高表示结果呈阴性。

（3）用放射性核素作为标记物的免疫学检测法

Charm Ⅱ 检测法利用免疫受体反应将抗生素与微生物受体结合在一起，却用低水平的放射性 ^{3}H 和 ^{14}C 两种元素来进行标记，而不是用酶解显色剂的方式检测这种复合体的存在。

美国 Charm Science 股份有限公司开发的 Charm Ⅱ 检测法是由单独检测试验组成的一个家族，它不仅可以检测 β-内酰胺类、磺胺类、四环素类、氨基糖苷类、大环内脂类等抗生素，还可以检测黄曲霉毒素、农药残留等其他物质。它采用先进的技术将单克隆抗体包在特定的微生物表面或内部，形成专一性很强的结合位点。当被检样品中某类抗生素残留时，会结合到抗体的特异性位点；当被检样品中无某类抗生素残留时，结合位点会被 ^{14}C 或 ^{3}H 标记的此类抗生素（由 Charm 公司提供）结合，最后加入闪烁液放入闪烁计数仪中计数 1min，而得出某类抗生素的残留情况。因为 Charm Ⅱ 检测法需要离心机、样品混匀器、闪烁计数仪等一系列试验设备，而且每次试验都必须制备标准曲线，并且标准要求实验室有无抗乳粉作参比，所以是一种只适用于大型实验室的检测方法。

（4）用胶体金作为标记物的免疫学检测法

胶体金免疫色谱法以免疫学的高度特异性抗原抗体反应作为反应基础，以胶体金颗粒作为显示标记物，应用色谱法的反应形式，以硝酸纤维素膜作为载体制备。

胶体金是氯金酸（$HAuCl_4$）被白磷、抗坏血酸、柠檬酸钠、鞣酸等还原剂还原成原子金后，由于金颗粒带负电荷，在溶液中形成稳定的胶体溶液，故称胶体金。胶体金颗粒具有双离子层，内层为负离子层（$AuCl^{2-}$）具 zeta 电位，使金颗粒之间相互排斥，维持胶体金的稳定状态；外层为 H^+ 层，使金颗粒分散在胶体溶液中（见图 1-21）。

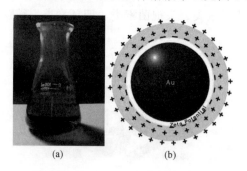

(a)　　　　　(b)

图 1-21　胶体金（a）和具 zeta 电位的金颗粒（b）

胶体金颗粒（见图 1-22）对蛋白质有很强的吸附功能，而不破坏其生物活性。它可以与葡萄球菌 A 蛋白、免疫球蛋白等非共价结合，形成胶体金标记蛋白。当这些胶体金标记蛋白在相应的配体处大量聚集时，肉眼可见红色或粉红色斑点，因而可用于定性或半定量的快速免疫学检测方法。这一反应可以通过银颗粒的沉积被放大，因此也称为免疫金银染色法。

胶体金免疫色谱试纸条（见图 1-23）是以聚氯乙烯（PVC）为衬板，从左到右依次粘

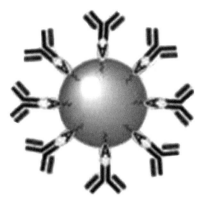

图 1-22　表面偶联蛋白质的胶体金颗粒

贴样品垫、胶体金标结合垫、硝酸纤维素膜（nitrocellulose，NC）和吸收垫。样品垫与胶体金标结合垫之间有重叠，胶体金标结合垫与硝酸纤维素膜重叠 1.0～2.0mm，硝酸纤维素膜与吸收垫重叠 1.8～2.0mm。样品垫用来吸收样品溶液，胶体金标结合垫上吸附有胶体金标记的抗体，硝酸纤维素膜上喷点了特异性的抗原或抗体形成 T 线（检测线）和 C 线（控制线），吸收垫吸收检测废液。

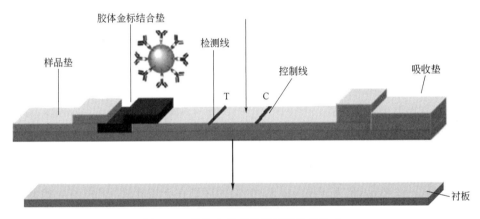

图 1-23　胶体金免疫色谱试纸条的构成

　　抗生素多为小分子半抗原，宜采用竞争法检测，即样品中的抗原和 T 线（检测线）上的抗原（Ag）竞争特异性金标抗体（Ab*），胶体金免疫色谱试纸条的 NC 膜上分别喷点了抗原-蛋白质偶联物（T 线，检测线）和相应的第二抗体（C 线，控制线）。竞争反应可表示如下：Ag(样品抗原)＋Ab*(金标抗体)＋Ag(T 线上抗原)＝AgAb*（游离）＋AgAb*（T 线）。当样品中抗原浓度很低时，样品抗原与金标抗体反应产生少量 AgAb*，大部分金标抗体与检测线上的抗原结合，形成红色 T 线。而当样品中抗原浓度高时，样品中的抗原和金标抗体反应产生大量 AgAb*，只有少量金标抗体能与检测线上的抗原结合，故形成的 T 线颜色较浅，甚至无 T 线出现。即 T 线颜色深浅和样品中抗原量呈负相关，待测样品中抗原量越多，T 线上的 AgAb* 量就越少，T 线颜色就越浅。

　　检测过程如下：把样品加入试纸条下端的样品垫上，样品通过毛细作用沿试纸条向吸收垫方向移动，被溶解的金标抗体与样品中的抗原结合，当样品和金标抗体的混合液移到检测线时，未与样品中抗原结合的金标抗体与检测线上的抗原结合，形成红色 T 线，而未与检测线上抗原结合的金标抗体继续移动到控制线并与上面的第二抗体结合，形成红色 C 线，若检测过程中 C 线没有颜色出现，表明检测无效。

美国 Charm Sciences 公司开发的 Charm MRL 快速检测试剂盒就是这种检测方式的代表（见图 1-24），它在 8min 内可以检测到青霉素和头孢菌素残留。检测时将试纸条放在培养器中，将乳样添加到吸收垫的一端，静置一段时间，随后有两条色带出现在试纸条上；如果检测色带比控制色带颜色浅，表示结果呈阴性，反之阳性，结果可用肉眼观察或用比色器读出。

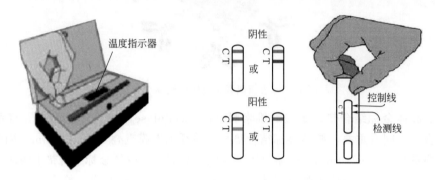

图 1-24　Charm MRL 检测法的操作过程及检测结果

深圳市易瑞生物技术股份有限公司生产的"磺胺类和喹诺酮类联检"快速检测试剂盒也是应用胶体金竞争抑制免疫色谱法的原理，使样品中残留的待测物与检测线上的待测物抗原共同竞争胶体金标记的特异性抗体，通过检测线与控制线颜色深浅比较，对样品中待测物的含量进行定性判定。与上述试剂盒稍有不同的是胶体金标记的喹诺酮抗体和胶体金标记的磺胺类抗体没有固定在试纸条上，而是装在微孔板内，使用时与样品混匀，再通过毛细作用流经有检测线和控制线的试纸条。

（5）其他生物检测法

比利时 UCB Bioproducts 公司开发的 Penzym 快速检测试剂盒则是基于 β-内酰胺类抗生素是通过抑制 D-丙氨酸羧肽酶的活性来阻止细菌繁殖。检测原理具体见图 1-25。Penzym 检测法有两种格式——Penzym 和 Penzym S，它们的区别在于培养时间不一样，检测灵敏度不一样，此检测方法适用于检测 β-内酰胺类和头孢菌素。

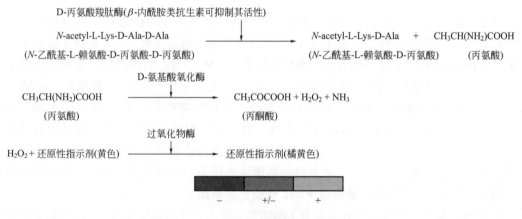

图 1-25　Penzym 检测法检测原理及结果

在检测试验中 D-丙氨酸羧肽酶的活性是通过这种酶是否能释放出"N-乙酰基-L-赖氨

酸-D-丙氨酸-D-丙氨酸"中的"丙氨酸"来判断的。如果有丙氨酸被释放,丙氨酸进一步被"D-氨基酸氧化酶"氧化成"丙酮酸"和"过氧化氢",在过氧化物酶存在下黄色显色剂可被"过氧化氢"氧化成橘黄色,从而判断没有抗生素,试验结果呈阴性。如果有抗生素存在就没有丙氨酸被释放出来,颜色不变,试验结果呈阳性。

3. 仪器分析检测方法

仪器分析检测方法是利用抗生素分子中的基团所具有的理化特性,借助现代仪器对抗生素残留进行精确分析的一种方法。目前,高效液相色谱法(HPLC)已用于红霉素、庆大霉素、羧苄青霉素和羧噻吩青霉素等残留测定,是常用的一种抗生素残留检测方法。由于乳样品中药物残留量少,背景干扰往往很严重,因此一般都通过柱前衍生反应来提高紫外检测器检测残留的灵敏度。另外,抗生素残留检测方法正在向各种分析技术联用代替单一色谱技术的方向发展。常用的联用技术有液相色谱/质谱联用(LC-MS)、气相色谱/质谱联用(GC-MS),目前 LC-MS 已进入实用阶段。

纵观以上检测方法,微生物受阻法的优点是费用低,一般实验室都能操作;缺点是时间长、操作复杂,显色状态判断通过肉眼辨别,易产生误差。生物免疫学法的优点是取样量小、前处理简单、容量大、仪器化程度低、灵敏度高、速度快、分析成本低,目前被广泛使用;缺点是样本信息量太少,不能准确定量检测,当样品中含有与某类抗生素结构相似的化合物时,可能出现免疫交叉反应而呈现假阳性结果。仪器分析法分离速度快、效率高和自动化程度高,能检测抗生素的具体含量,敏感性较高,结果准确;但待检样品需经一系列的预处理,烦琐费时,还必须有价格昂贵的仪器设备,一般在大型实验室使用,适合于精确测定。

目前我国国家标准只规定了嗜热乳酸链球菌抑制法、嗜热脂肪芽孢杆菌抑制法为法定的乳品中抗生素残留检测法,其他还没有明确列入国标,但有很多商品化试剂盒检测方法列入商检行业推荐性标准(SN/T)。

任务 1 嗜热乳酸链球菌抑制法

【设备和用具】

除微生物实验室常规灭菌及培养设备外,其他设备和用具如下:

(1) 设备

① 冰箱:2~5℃、-20~-5℃。

② 恒温培养箱:(36±1)℃。

③ 恒温水浴锅:(36±1)℃、(80±2)℃。

④ 天平:感量为 0.1g、0.001g。

(2) 用具

① 无菌吸管:1mL(具 0.01mL 刻度)、10.0mL(具 0.01mL 刻度)或微量移液器及吸头。

② 无菌试管:18mm×180mm。

③ 温度计:0~100℃。

【菌种、培养基和试剂】

(1) 菌种:嗜热乳酸链球菌。

（2）灭菌脱脂乳

① 成分：无抗生素的脱脂乳。

② 制法：经 115℃灭菌 20min。也可采用无抗生素的脱脂牛乳粉，以蒸馏水 10 倍稀释，加热至完全溶解，115℃灭菌 20min。

（3）4% 2,3,5-氯化三苯四氮唑（TTC）水溶液

① 成分：2,3,5-氯化三苯四氮唑（TTC）、灭菌蒸馏水。

② 制法：称取 TTC 4g，溶于灭菌蒸馏水中，定容到 100mL，装褐色瓶内于 2～5℃保存。如果溶液变为半透明的白色或淡褐色，则不能再用。

（4）无菌磷酸盐缓冲液

① 成分：磷酸二氢钠 2.83g、磷酸二氢钾 1.36g、蒸馏水 1000mL。

② 制法：将上述成分混合，调节 pH 值至 7.3±0.1，121℃高压灭菌 20min。

（5）青霉素 G 参照溶液

① 成分。青霉素 G 钾盐 30.0mg、无菌磷酸盐缓冲液适量、无抗生素的脱脂乳适量。

② 制法。精密称取青霉素 G 钾盐标准品，溶于无菌磷酸盐缓冲液中，使其浓度为 100～1000IU/mL（1IU 青霉素 G＝0.6329μg），再将该溶液用灭菌的无抗生素脱脂乳稀释至 0.006IU/mL，分装于无菌小试管中，密封备用。－20℃保存不超过 6 个月。

也可以购买青霉素 G 参照溶液商品直接使用。

【检验程序】

鲜乳中抗生素残留检验流程见图 1-26。

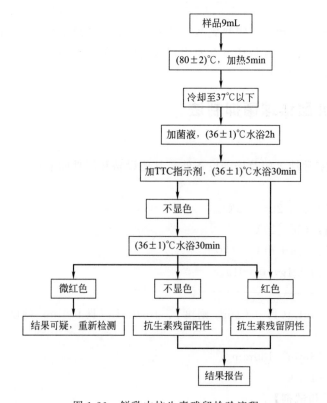

图 1-26　鲜乳中抗生素残留检验流程

【操作步骤】

(1) 活化菌种 取一接种环嗜热乳酸链球菌菌种，接种在 9mL 灭菌脱脂乳中，置 (36±1)℃恒温培养箱中培养 12～15h 后，置 2～5℃冰箱保存备用。每 15d 转种一次。

(2) 测试菌液 将经过活化的嗜热乳酸链球菌菌种接种于灭菌脱脂乳，(36±1)℃培养 (15±1)h，加入相同体积的灭菌脱脂乳混匀稀释成为测试菌液。

(3) 培养 取样品 9mL，置 18mm×180mm 试管内，每份样品另外做一份平行样。同时再做阴性和阳性对照各一份，阳性对照管用 9mL 青霉素 G 参照溶液，阴性对照管用 9mL 灭菌脱脂乳。所有试管置 (80±2)℃水浴加热 5min，冷却至 37℃以下，加入测试菌液 1mL，轻轻旋转试管混匀。(36±1)℃水浴培养 2h，加 4%TTC 水溶液 0.3mL，在旋涡混匀器上混合 15s 或振动试管混匀。(36±1)℃水浴避光培养 30min，观察颜色变化。如果颜色没有变化，于水浴中继续避光培养 30min 做最终观察。观察时要迅速，避免光照过久出现干扰。

(4) 判断方法 在白色背景前观察，试管中样品呈乳的原色时，指示乳中有抗生素存在，为阳性结果；试管中样品呈红色为阴性结果。如最终观察现象仍为可疑，建议重新检测。

(5) 报告 最终观察时，样品变为红色，报告为抗生素残留阴性；样品依然为乳的原色，报告为抗生素残留阳性。

(6) 最低检出限 本方法检测几种常见抗生素的最低检出限为：青霉素 0.004IU、链霉素 0.5IU、庆大霉素 0.4IU、卡那霉素 5IU。

任务 2　嗜热脂肪芽孢杆菌抑制法

【设备和用具】

除微生物实验室常规灭菌及培养设备外，其他设备和用具如下：

(1) 设备

① 冰箱：2～5℃、−20～−5℃。

② 恒温培养箱：(36±1)℃、(56±1)℃。

③ 恒温水浴锅：(65±2)℃、(80±2)℃。

④ 天平：感量为 0.1g、0.001g。

⑤ 离心机：转速 5000r/min。

(2) 用具

① 微量移液器及吸头：100μL、200μL 微量移液器及吸头。

② 无菌试管：18mm×180mm、15mm×100mm。

③ 温度计：0～100℃。

【菌种、培养基和试剂】

(1) 菌种 嗜热脂肪芽孢杆菌卡列德变种。

(2) 无菌磷酸盐缓冲液 见任务 1 的［菌种、培养基和试剂］(4)。

(3) 灭菌脱脂乳 见任务 1 的［菌种、培养基和试剂］(2)。

(4) 溴甲酚紫葡萄糖蛋白胨培养基

① 成分：蛋白胨 10.0g、葡萄糖 5.0g、2%溴甲酚紫乙醇溶液 0.6mL、琼脂 4.0g、蒸馏水 1000mL。

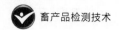

② 制法：在蒸馏水中加入蛋白胨、葡萄糖、琼脂，加热搅拌至完全溶解，调节 pH 值至 7.1 ± 0.1，然后再加入溴甲酚紫乙醇溶液，混匀后，115℃高压灭菌 30min。

也可以购买溴甲酚紫葡萄糖蛋白胨培养基粉，按产品说明进行操作。

（5）青霉素 G 参照溶液 见任务 1 的［菌种、培养基和试剂］（5）。

【检验程序】

样品中抗生素残留检验流程见图 1-27。

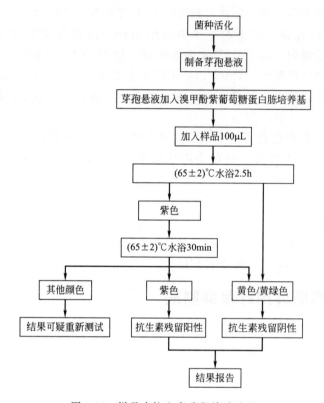

图 1-27　样品中抗生素残留检验流程

【操作步骤】

（1）制备芽孢悬液 将嗜热脂肪芽孢杆菌菌种划线移种于营养琼脂平板表面，（56±1）℃培养 24h 后挑取乳白色半透明圆形特征菌落，在营养琼脂平板上再次划线培养，（56±1）℃培养 24h 后转入（36±1）℃培养 3~4d，镜检芽孢产率达到 95％以上时进行芽孢悬液制备。每块平板用 1~3mL 无菌磷酸盐缓冲液洗脱培养基表面的菌苔（如果使用克氏烧瓶，每瓶使用无菌磷酸盐缓冲液 10~20mL）。将洗脱液以 5000r/min 离心 15min。取沉淀物加 0.03mol/L 的无菌磷酸盐缓冲液（pH 7.2），制成 10^9 CFU/mL 芽孢悬液，置（80±2）℃恒温水浴中 10min 后，密封防止水分蒸发，置 2~5℃保存备用。

（2）测试培养基 在溴甲酚紫葡萄糖蛋白胨培养基中加入适量芽孢悬液，混合均匀，使最终的芽孢浓度为 $8\times10^5\sim2\times10^6$ CFU/mL。将混合芽孢悬液的溴甲酚紫葡萄糖蛋白胨培养基分装小试管，每管 200μL，密封防止水分蒸发。配制好的测试培养基可以在 2~5℃保存 6 个月。

（3）培养操作 吸取样品 100μL 加入含有芽孢悬液的测试培养基中，轻轻旋转试管混匀。每份检样做两份，另外再做阴性和阳性对照各一份，阳性对照管为 100μL 青霉素 G 参照溶液，阴性对照管为 $100\mu L$ 无抗生素的脱脂乳。于（65 ± 2）℃水浴培养 $2.5h$，观察培养基颜色的变化。如果颜色没有变化，需再于水浴锅中培养 $30min$ 做最终观察。

（4）判断方法 在白色背景前从侧面和底部观察小试管内培养基颜色。保持培养基原有的紫色为阳性结果，培养基变成黄色或黄绿色为阴性结果，颜色处于二者之间，为可疑结果。对于可疑结果应继续培养 $30min$ 再进行最终观察。如果培养基颜色仍然处于黄色-紫色之间，表示抗生素浓度接近方法的最低检出限，此时建议再重新检测一次。

【报告】

最终观察时，培养基依然保持原有的紫色，可以报告为抗生素残留阳性；培养基变为黄色或黄绿色时，可以报告为抗生素残留阴性。

本方法检测几种常见抗生素的最低检出限为：青霉素 $3\mu g/L$、链霉素 $50\mu g/L$、庆大霉素 $30\mu g/L$、卡那霉素 $50\mu g/L$。

任务 3　胶体金免疫色谱法检测乳中磺胺类和喹诺酮类

生鲜乳中抗生素
快速检测

【试剂与材料】

深圳市易瑞生物技术有限公司生产的牛乳中（喹诺酮类＋磺胺类）二联快速检测试剂盒。

（1）试剂盒组成

① 磺胺类和喹诺酮类联检检测试纸条。

② 微孔试剂（主要成分为胶体金标记的喹诺酮类抗体和磺胺类抗体）。

（2）贮存 商品化试纸条、反应杯及反应试剂在 $2\sim8$℃、干燥、避光条件下保存，产品有限期不得少于 12 个月。

（3）其他试剂 喹诺酮类和磺胺类对照品。

【仪器设备】

（1）温育器 （40 ± 2）℃。

（2）便携式读数仪

① 测量波长：$525nm$、带宽$\pm8nm$、波长准确度$\pm3nm$。

② 计算方式：峰面积分析，并可计算检测线峰面积/控制线峰面积比值。

（3）移液器 $200\mu L$。

【样品制备】

检测前样品需充分混匀。

【操作步骤】

① 将温育器温度设定为 40℃，吸取 $200\mu L$ 样品于微孔中，$5\sim10$ 次抽吸，迅速混合均匀并置于温育器中温育 $5min$。

② 温育结束后，将试纸条插入微孔中再次温育 $5min$。

③ 第二次温育结束后，停止计时，从微孔中取出试纸条，去掉试纸条下端的吸水海绵并进行结果判定。

④ 检验完毕，将余下的试纸条放回铝箔袋中并密封好，放回试剂盒中，$2\sim8$℃保存。

【结果判定】

通过对比控制线和检测线的颜色深浅来进行结果判定。由于长时间放置会引起检测线颜色的变化，需在 5min 内进行结果判定：

（1）目视结果判定依据（如图 1-28 所示）

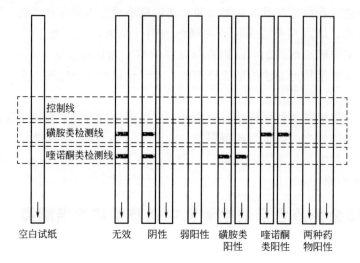

图 1-28　目视结果判定示意图

① 无效。控制线（C 线）不显色。

② 阴性。检测线（T 线）颜色比控制线（C 线）颜色深或者强。

③ 弱阳性。检测线（T 线）颜色与控制线（C 线）颜色相当。

④ 阳性。检测线（T 线）不显色，或检测线（T 线）颜色比控制线（C 线）颜色浅或者弱。

（2）通过便携式读数仪对试纸条读值

① 阴性。读数数值>1.1，则判为阴性。

② 弱阳性。0.9≤读数数值≤1.1，则判为弱阳性；需要重新检测，若结果仍然为弱阳性，则判定为阳性；若结果为阴性，则判定为阴性。

③ 阳性。读数数值<0.9，则判为阳性。

【方法性能指标】

本试剂盒参考《中华人民共和国出入境检验检疫行业标准》SN/T 2775—2011 由国家认监委商品化食品检测试剂盒评价专家委员会进行了评价，评价结果如下：

（1）检出限　磺胺二甲嘧啶：25μg/kg；磺胺甲嘧啶：8μg/kg；磺胺嘧啶：8μg/kg；磺胺吡啶：40μg/kg；磺胺噻唑：5μg/kg；磺胺氯哒嗪：10μg/kg；磺胺甲噁唑：8μg/kg；磺胺异噁唑：60μg/kg；诺氟沙星：20μg/kg；沙拉沙星：20μg/kg；氧氟沙星：30μg/kg；马波沙星：25μg/kg；环丙沙星：20μg/kg；恩诺沙星：20μg/kg；达氟沙星：30μg/kg；氟甲喹：50μg/kg。

（2）特异性　当浓度≤100mg/kg 时，β-内酰胺类、四环素类、氯霉素类药物均无交叉反应。

项目十六

乳和乳制品杂质度的测定

知识点 1　乳品中杂质的来源

牛乳中的杂质主要来源于挤乳、运输、生产及乳罐的消毒清洗等过程。测定牛乳的杂质度，目的是为了判断牛乳的前处理过程是否卫生。目前，牛乳杂质度的测定方法一般多用杂质过滤法。

杂质度作为评价生乳质量状况的指标之一，较少受到关注。其原因，一方面，由于生乳中的杂质主要是由某些人为因素引起，如挤乳时落入奶桶的毛发、牛舍中饲料漂浮物等，这些因素只要加强管理、规范操作，基本能够排除；另一方面，生乳在收集到贮存罐内前，都要经过在线过滤的步骤，将生乳中的大部分颗粒滤除，只残留少量细小的颗粒，所以杂质度对生乳质量的影响较小。根据 GB 19301—2010《食品安全国家标准　生乳》的要求，合格牛乳的杂质度应小于 4mg/L。因此，对生乳杂质度也应严格管理。

知识点 2　乳与乳制品杂质度测定的原理

生鲜乳、液体乳、用水复原的乳粉类样品经杂质度过滤板过滤，根据残留于杂质度过滤板上直观可见非白色杂质与杂质度参考标准板比对确定样品中杂质的含量。

任务 1　杂质度过滤板的检验

【试剂和材料】

(1) 试剂

① 无水乙醇（C_2H_5OH）。

② 甲醛（HCHO）。

③ 角豆胶（生化试剂）。

④ 蔗糖。

(2) 试剂配制

① 甲醛溶液（40%）。量取 40mL 甲醛到 100mL 容量瓶中，用水定容至 100mL，过滤备用。

② 角豆胶溶液。称取 (0.75 ± 0.01)g 角豆胶至 250mL 烧杯中，加 2mL 无水乙醇润湿，再加 50mL 水，充分混合。缓慢加热排除气泡后煮沸，使角豆胶充分溶解后冷却。加 2mL 已过滤的 40% 甲醛溶液，混匀后转入 100mL 容量瓶，用水定容。

③ 蔗糖溶液。称取（750±0.1)g蔗糖于1000mL烧杯中，加水750mL充分溶解，过滤备用。

(3) 材料

① 杂质。将地面灰土经过恒温干燥箱（100±1)℃烘干，用标准筛收集颗粒大小为75～106μm的灰土成分，然后烘干至恒重。

② 杂质度过滤板。见图1-29。

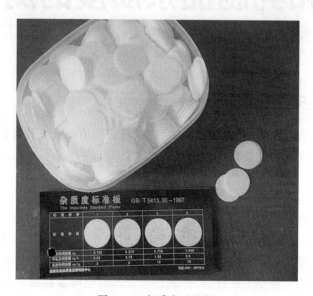

图1-29　杂质度过滤板

【仪器和设备】

① 天平。感量分别为0.1g和0.1mg。

② 标准筛。

③ 干燥器。内含有效干燥剂。

④ 恒温干燥箱。精度为±1℃。

⑤ 过滤设备。见图1-30，杂质度过滤机或抽滤瓶，可采用正压或负压的方式实现快速过滤（过滤速度为10～15s/L)。安放杂质度过滤板后的有效过滤直径为（28.6±0.1)mm。

【检验步骤】

(1) 杂质溶液制备　称取（2.00±0.001)g杂质加入250mL烧杯中，用5mL无水乙醇润湿。加入46mL角豆胶溶液，再加40mL蔗糖溶液，充分混合后，移入100mL容量瓶加蔗糖溶液定容，充分混匀。移取10mL（相当于200mg杂质）于1000mL容量瓶中，用水定容，充分混匀。

(2) 干燥杂质度过滤板、称重　将杂质度过滤板放入（100±1)℃恒温干燥箱中烘干至恒重，记录质量 N_1。

(3) 制板　将杂质度过滤板放置在过滤设备上，准确移取60mL（相当于12mg杂质）经过充分混匀的杂质溶液，过滤，用水洗净移液器，洗液一并过滤，用200mL（40±2)℃的水分多次清洗过滤板，滤干后取下杂质度过滤板，在（100±1)℃恒温干燥箱中烘干至恒重，记录质量 N_2。

图 1-30　HL-GB2 杂质度过滤机

【评价】

$M = N_2 - N_1$，M 应 $\geqslant$ 10mg。并且用锋利的刀片将杂质度过滤板上表层切下，查看余下部分不应出现杂质。每 1000 片检验 10 片，不足 1000 片按 1000 片计。

任务 2　杂质度参考标准板的制作

【试剂和材料】

（1）试剂

① 阿拉伯胶（生化试剂）。

② 蔗糖。

③ 牛粪和焦粉。分别收集牛粪和焦粉，粉碎后于 (100 ± 1)℃恒温干燥箱中烘干。

（2）试剂配制

① 阿拉伯胶溶液（0.75%）。称取 1.875g 阿拉伯胶于 100mL 烧杯中，加入 20mL 水，加热溶解后冷却。用水转移至 250mL 容量瓶并定容、过滤。

② 蔗糖溶液（50%）。称取 1000g 蔗糖于 1000mL 烧杯中，加入 500mL 水溶解，用水转移至 2000mL 容量瓶并定容、过滤。

（3）材料制备

① 牛粪

A：用标准筛收集颗粒大小为 0.150～0.200mm 的牛粪，备用。

B：用标准筛收集颗粒大小为 0.125～0.150mm 的牛粪，备用。

C：用标准筛收集颗粒大小为 0.106～0.125mm 的牛粪，备用。

② 焦粉

D：用标准筛收集颗粒大小为 0.300～0.450mm 的焦粉，备用。

E：用标准筛收集颗粒大小为 0.200～0.300mm 的焦粉，备用。

F：用标准筛收集颗粒大小为 0.150～0.200mm 的焦粉，备用。

【仪器和设备】

① 天平。感量分别为 0.1g 和 0.1mg。

② 标准筛。

③ 过滤设备。杂质度过滤机或抽滤瓶，可采用正压或负压的方式实现快速过滤（过滤速度为 10～15s/L）。安放杂质度过滤板后的有效过滤直径为 (28.6±0.1)mm。

【液体乳杂质度参考标准板制作步骤】

(1) 液体乳杂质参考标准液的配制

① 1.0mg/mL 牛粪杂质参考标准液的配制。分别准确称取 500.0mg 牛粪 A、B、C 于 3 个 100mL 烧杯中。加水 2mL，加阿拉伯胶溶液 23mL，充分混匀后，用蔗糖溶液转入 500mL 容量瓶中并定容，充分混匀直到杂质均匀分布，得到浓度为 1.0mg/mL 的牛粪杂质参考标准液 a_0、b_0、c_0。

② 0.2mg/mL 牛粪杂质参考标准中间液的配制。分别吸取牛粪杂质参考标准液 a_0、b_0、c_0 各 100mL 于 500mL 容量瓶中，用蔗糖溶液稀释并定容，得到浓度为 0.2mg/mL 的牛粪杂质参考标准中间液 a_1、b_1、c_1。

③ 0.02mg/mL 牛粪杂质参考标准工作液的配制。分别吸取牛粪杂质参考标准中间液 a_1、b_1、c_1 各 10mL 于 100mL 容量瓶中，用蔗糖溶液稀释并定容，得到浓度为 0.02mg/mL 的牛粪杂质参考标准工作液 a_2、b_2、c_2。

(2) 液体乳杂质度参考标准板的制作

① 0mg/kg 的杂质度参考标准板 A_1 制作。量取 100mL 蔗糖溶液，在已放置好杂质度过滤板的过滤设备上过滤，用 100mL (40±2)℃ 的水分多次清洗过滤板，晾干，此杂质板为液体乳中杂质相对含量 0mg/kg 的杂质度参考标准板 A_1。

② 2mg/8L 的杂质度参考标准板 A_2 制作。准确吸取 6.25mL 牛粪杂质参考标准工作液 c_2 于 100mL 容量瓶中，用蔗糖溶液稀释并定容，混匀后在已放置好杂质度过滤板的过滤设备上过滤，用水洗净容量瓶，洗液一并过滤。再用 100mL (40±2)℃ 的水分多次清洗过滤板，晾干，此杂质板为液体乳中杂质相对含量 2mg/8L 的杂质度参考标准板 A_2。

③ 4mg/8L 的杂质度参考标准板 A_3 制作。准确吸取 12.5mL 牛粪杂质参考标准工作液 b_2 于 100mL 容量瓶中，用蔗糖溶液稀释并定容，混匀后在已放置好杂质度过滤板的过滤设备上过滤，用水洗净容量瓶，洗液一并过滤。再用 100mL (40±2)℃ 的水分多次清洗过滤板，晾干，此杂质板为液体乳中杂质相对含量 4mg/8L 的杂质度参考标准板 A_3。

④ 6mg/8L 的杂质度参考标准板 A_4 制作。准确吸取 18.75mL 牛粪杂质参考标准工作液 a_2 于 100mL 容量瓶中，用蔗糖溶液稀释并定容，混匀后在已放置好杂质度过滤板的过滤设备上过滤，用水洗净容量瓶，洗液一并过滤。再用 100mL (40±2)℃ 的水分多次清洗过滤板，晾干，此杂质板为液体乳中杂质相对含量 6mg/8L 的杂质度参考标准板 A_4。

液体乳杂质度参考标准板比对表见表 1-14。

表 1-14　液体乳杂质度参考标准板比对表

参考标准板号	A_1	A_2	A_3	A_4
杂质液浓度/(mg/mL)	0	0.02	0.02	0.02
取杂质液体积/mL	0	6.25	12.5	18.75
杂质绝对含量/(mg/500mL)	0	0.125	0.250	0.375
杂质相对含量/(mg/8L)	0	2	4	6

⑤ 以 500mL 液体乳为取样量，按表 1-14 液体乳杂质度参考标准板比对表中制得的液体乳杂质度参考标准板见图 1-31。

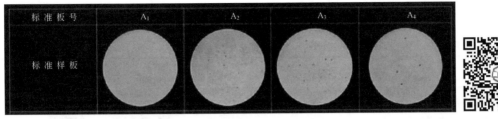

图 1-31　液体乳杂质度参考标准板

【乳粉杂质度参考标准板制作步骤】

（1）乳粉杂质参考标准液的配制

① 分别准确称取 500.0mg 焦粉 D、E、F 于 3 个 100mL 烧杯中。加水 2mL，加阿拉伯胶溶液 23mL，充分混匀后用蔗糖溶液转入 500mL 容量瓶中并定容，充分混匀直到杂质均匀分布，得到浓度为 1.0mg/mL 的焦粉杂质参考标准液 d_0、e_0、f_0。

② 分别吸取焦粉杂质参考标准液 d_0、e_0、f_0 各 100mL 于 500mL 容量瓶中，用蔗糖溶液稀释并定容，得到浓度为 0.2mg/mL 的焦粉杂质参考标准工作液 d_1、e_1、f_1。

（2）乳粉杂质度参考标准板的制作

① 准确吸取 2.5mL 焦粉杂质参考标准工作液 f_1 于 100mL 容量瓶中，用蔗糖溶液稀释并定容，混匀后在已放置好杂质度过滤板的过滤设备上过滤，用水洗净容量瓶，洗液一并过滤。再用 100mL（40±2）℃的水分多次清洗过滤板，晾干，此杂质板为乳粉中杂质相对含量 8mg/kg 的杂质度参考标准板 B_1。

② 准确吸取 3.75mL 焦粉杂质参考标准工作液 e_1 于 100mL 容量瓶中，用蔗糖溶液稀释并定容，混匀后在已放置好杂质度过滤板的过滤设备上过滤，用水洗净容量瓶，洗液一并过滤。再用 100mL（40±2）℃的水分多次清洗过滤板，晾干，此杂质板为乳粉中杂质相对含量 12mg/kg 的杂质度参考标准板 B_2。

③ 准确吸取 5.0mL 焦粉杂质参考标准工作液 d_1 于 100mL 容量瓶中，用蔗糖溶液稀释并定容，混匀后在已放置好杂质度过滤板的过滤设备上过滤，用水洗净容量瓶，洗液一并过滤。再用 100mL（40±2）℃的水分多次清洗过滤板，晾干，此杂质板为乳粉中杂质相对含量 16mg/kg 的杂质度参考标准板 B_3。

④ 准确吸取 3.75mL 焦粉杂质参考标准工作液 d_1 和 2.5mL 焦粉杂质参考标准工作液 e_1 于 100mL 容量瓶中，用蔗糖溶液稀释并定容，混匀后在已放置好杂质度过滤板的过滤设备上过滤，用水洗净容量瓶，洗液一并过滤。再用 100mL（40±2）℃的水分多次清洗过滤板，晾干，此杂质板为乳粉中杂质相对含量 20mg/kg 的杂质度参考标准板 B_4。

⑤ 以 62.5g 乳粉为取样量，按表 1-15 乳粉杂质度参考标准板比对表中制得的乳粉杂质度参考标准板见图 1-32。

表 1-15　乳粉杂质度参考标准板比对表

参考标准板号	B_1	B_2	B_3	B_4
杂质液浓度/(mg/mL)	0.2	0.2	0.2	0.2

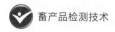

续表

参考标准板号	B₁	B₂	B₃	B₄
取杂质液体积/mL	2.5	3.75	5.0	6.25
杂质绝对含量/(mg/62.5g)	0.500	0.750	1.000	1.250
杂质相对含量/(mg/kg)	8	12	16	20

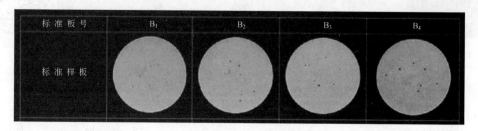

图 1-32　乳粉杂质度参考标准板

任务 3　杂质度的测定

【试剂和材料】

除非另有说明，本方法所用试剂均为分析纯，水为 GB/T 6682—2008 规定的三级水。

(1) 杂质度过滤板　直径 32mm、质量（135±15）mg、厚度 0.8～1.0mm 的白色棉质板，应符合项目十六任务 1 的要求。杂质度过滤板按项目十六任务 1 进行检验。

(2) 杂质度参考标准板　杂质度参考标准板的制作方法见项目十六任务 2。

【仪器和设备】

(1) 天平　感量为 0.1g。

(2) 过滤设备　杂质度过滤机或抽滤瓶，可采用正压或负压的方式实现快速过滤（过滤速度为 10～15s/L）。安放杂质度过滤板后的有效过滤直径为（28.6±0.1）mm。

【分析步骤】

(1) 样品溶液的制备

① 液体乳样品经充分混匀后，用量筒量取 500mL 立即测定。

② 准确称取（62.5±0.1）g 乳粉样品于 1000mL 烧杯中，加入 500mL（40±2）℃的水，充分搅拌溶解后，立即测定。

(2) 测定　将杂质度过滤板放置在过滤设备上，将制备的样品溶液倒入过滤设备的漏斗中，但不得溢出漏斗，过滤。用水多次洗净烧杯，并将洗液转入漏斗过滤，多次用洗瓶洗净漏斗。滤干后取出杂质度过滤板，与杂质度参考标准板比对即得样品杂质度。

【结果计算】

过滤后的杂质度过滤板与杂质度参考标准板比对得出的结果，即为该样品的杂质度。当杂质度过滤板上的杂质量介于两个级别之间时，应判定为杂质量较多的级别。如出现纤维等外来异物，判定杂质度超过最大值。

【精密度】

按本标准所述方法对同一样品做两次测定，其结果应一致。

项目十七

原料乳与乳制品中三聚氰胺的检测

知识点 1　三聚氰胺与"三聚氰胺污染事件"

三聚氰胺（melamine）[化学式：$C_3N_3(NH_2)_3$]，俗称密胺、蛋白精，IUPAC 命名为"1,3,5-三嗪-2,4,6-三胺"，是一种三嗪类含氮杂环有机化合物，被用作化工原料。它是白色单斜晶体，几乎无味，微溶于水（3.1g/L 常温），可溶于甲醇、甲醛、乙酸、热乙二醇、甘油、吡啶等，不溶于丙酮、醚类，对身体有害，不可用于食品加工或食品添加物。2017 年 10 月 27 日，世界卫生组织国际癌症研究机构公布的致癌物清单中，三聚氰胺属于 2B 类致癌物。

三聚氰胺是一种化工原料，不法商人为了获取不正当利益将三聚氰胺加入原料乳中，用以提高原料乳蛋白质检测值。人如果长期摄入被三聚氰胺污染的乳及乳制品会导致人体泌尿系统膀胱、肾产生结石，进而引起肾衰竭，并可诱发膀胱癌。

2008 年中国乳制品"三聚氰胺污染事件"是一起食品安全事故。事故起因是很多食用三鹿集团生产乳粉的婴儿被发现患有肾结石，随后在其乳粉中发现化工原料——三聚氰胺。根据公布数字，截至 2008 年 9 月 21 日，因使用婴幼儿乳粉而接受门诊治疗咨询且已康复的婴幼儿累计 39965 人，正在住院的有 12892 人，此前已治愈出院 1579 人，死亡 4 人，另截止到 9 月 25 日，香港有 5 人、澳门有 1 人确诊患病。事件引起各国的高度关注和对乳制品安全的担忧。

知识点 2　三聚氰胺的检测方法

原料乳、乳制品以及含乳制品中有三种三聚氰胺的测定方法，即高效液相色谱法（HPLC）、液相色谱-质谱/质谱法（LC-MS/MS）和气相色谱-质谱联用法[包括气相色谱-质谱法（GC-MS），气相色谱-质谱/质谱法（GC-MS/MS）]。

高效液相色谱法（HPLC）试样用三氯乙酸溶液-乙腈提取，经阳离子交换固相萃取柱净化后，用高效液相色谱法测定，外标法定量。

液相色谱-质谱/质谱法（LC-MS/MS）试样用三氯乙酸溶液提取，经阳离子交换固相萃取柱净化后，用液相色谱-质谱/质谱法测定和确证，外标法定量。

气相色谱-质谱联用法试样经超声提取、固相萃取柱净化后，进行硅烷化衍生，衍生产物采用选择离子监测质谱扫描模式（SIM）或多反应监测质谱扫描模式（MRM），用化合物的保留时间和质谱碎片的丰度比定性，外标法定量。

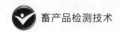

高效液相色谱法的定量限为 2mg/kg，液相色谱-质谱/质谱法的定量限为 0.01mg/kg，气相色谱-质谱联用法的定量限为 0.05mg/kg（其中气相色谱-质谱/质谱法的定量限为 0.005mg/kg）。

任务　高效液相色谱法测定三聚氰胺

乳及乳制品中
三聚氰胺的
测定

【试剂与材料】

除非另有说明，所用试剂均为分析纯，水为 GB/T 6682—2008 规定的一级水。

（1）试剂

① 甲醇：色谱纯。

② 乙腈：色谱纯。

③ 氨水：含量为 25%～28%。

④ 三氯乙酸。

⑤ 柠檬酸。

⑥ 辛烷磺酸钠：色谱纯。

⑦ 甲醇水溶液。准确量取 50mL 甲醇和 50mL 水，混匀后备用。

⑧ 三氯乙酸溶液（1%）。准确称取 10g 三氯乙酸于 1L 容量瓶中，用水溶解并定容至刻度，混匀后备用。

⑨ 氨化甲醇溶液（5%）。准确量取 5mL 氨水和 95mL 甲醇，混匀后备用。

⑩ 离子对试剂缓冲液。准确称取 2.10g 柠檬酸和 2.16g 辛烷磺酸钠，加入约 980mL 水溶解，调节 pH 值至 3.0 后，定容至 1L 备用。

⑪ 三聚氰胺标准品：CAS 108-78-1，纯度＞99.0%。

⑫ 三聚氰胺标准贮备液。准确称取 100mg（精确到 0.1mg）三聚氰胺标准品于 100mL 容量瓶中，用甲醇水溶液溶解并定容至刻度，配制成浓度为 1mg/mL 的标准贮备液，于 4℃ 避光保存。

（2）材料

① 固相萃取柱（solid phase extraction cartridges，SPE）。混合型阳离子交换固相萃取柱，基质为苯磺酸化的聚苯乙烯-二乙烯基苯高聚物，60mg，3mL，或相当者。使用前依次用 3mL 甲醇、5mL 水活化。

② 定性滤纸。

③ 海砂：化学纯，粒度 0.65～0.85mm，二氧化硅（SiO₂）含量为 99%。

④ 微孔滤膜：0.2μm，有机相。

⑤ 氮气：纯度≥99.999%。

【仪器和设备】

（1）仪器

① 高效液相色谱（HPLC）仪：配有紫外检测器或二极管阵列检测器。

② 分析天平：感量为 0.0001g 和 0.01g。

③ 离心机：转速不低于 4000r/min。

④ 超声波水浴锅。

　⑤ 固相萃取装置。

　⑥ 氮气吹干仪。

　⑦ 旋涡混合器。

（2）设备

　① 具塞塑料离心管（50mL）。

　② 研钵。

【样品处理】

（1）提取

　① 液态乳、乳粉、酸乳、冰淇淋和奶糖等。称取 2g（精确至 0.01g）试样于 50mL 具塞塑料离心管中，加入 15mL 三氯乙酸溶液和 5mL 乙腈，超声提取 10min，再振荡提取 10min 后，以不低于 4000r/min 离心 10min。上清液经三氯乙酸溶液润湿的滤纸过滤后，用三氯乙酸溶液定容至 25mL，移取 5mL 滤液，加入 5mL 水混匀后作待净化液。

　② 干酪、奶油和巧克力等。称取 2g（精确至 0.01g）试样于研钵中，加入适量海砂（试样质量的 4～6 倍）研磨成干粉状，转移至 50mL 具塞塑料离心管中，用 15mL 三氯乙酸溶液分数次清洗研钵，清洗液转入离心管中，再往离心管中加入 5mL 乙腈，余下操作同①中"超声提取 10min，……，加入 5mL 水混匀后作待净化液"。若样品中脂肪含量较高，可以用三氯乙酸溶液饱和的正己烷液-液分配除脂后再用 SPE 柱净化。具体做法是往正己烷中加入三氯乙酸溶液，混匀，至分层，取上层，得到用三氯乙酸溶液饱和的正己烷。然后将样液加入三氯乙酸溶液饱和的正己烷，振摇，混匀，静置分层，脂肪进入了正己烷层，目标物在水层，水层再过 SPE 柱净化。

（2）净化　将待净化液转移至 SPE 柱中。依次用 3mL 水和 3mL 甲醇洗涤，抽至近干后，用 6mL 氨化甲醇溶液洗脱。整个固相萃取过程流速不超过 1.0mL/min。洗脱液于 50℃下用氮气吹干，残留物（相当于 0.4g 样品）用 1mL 流动相定容，涡旋混合 1min，过微孔滤膜后，供 HPLC 仪测定。

【高效液相色谱测定】

（1）HPLC 参考条件

　① 色谱柱：C_8 柱，250mm×4.6mm（i.d.），5μm，或相当者；C_{18} 柱，250mm×4.6mm（i.d.），5μm，或相当者。

　② 流动相：C_8 柱，离子对试剂缓冲液-乙腈（85＋15，体积比），混匀；C_{18} 柱，离子对试剂缓冲液-乙腈（90＋10，体积比），混匀。

　③ 流速：1.0mL/min。

　④ 柱温：40℃。

　⑤ 波长：240nm。

　⑥ 进样量：20μL。

（2）标准曲线的绘制　用流动相将三聚氰胺标准贮备液逐级稀释得到浓度为 0.8μg/mL、2μg/mL、20μg/mL、40μg/mL、80μg/mL 的标准工作液，按浓度由低到高进样检测，以峰面积-浓度作图，得到标准曲线回归方程。基质匹配加标三聚氰胺的样品 HPLC 色谱图见图 1-33。基质匹配加标是用不含目标标准物质的样品进行前处理，在定容时用标准溶液代替空白溶剂来定容，然后上仪器检测。在样品经过前处理（如固相萃取等）后，基质会对测定组分有干扰，如果直接采用溶剂作标准曲线，测定结果会产生很大误差，因此用基质匹配加标的方法作标准曲线，可以减小误差。

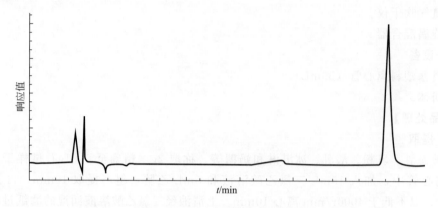

图 1-33　基质匹配加标三聚氰胺的样品 HPLC 色谱图

（3）定量测定　待测样液中三聚氰胺的响应值应在标准曲线线性范围内，超过线性范围则应稀释后再进样分析。

（4）结果计算　试样中三聚氰胺的含量由色谱数据处理软件或按式（1.13）计算获得：

$$X = \frac{A c V \times 1000}{A_s m \times 1000} \times f \qquad (1.13)$$

式中　X——试样中三聚氰胺的含量，mg/kg；

$\quad$ A——样液中三聚氰胺的峰面积；

$\quad$ c——标准溶液中三聚氰胺的浓度，μg/mL；

$\quad$ V——样液最终定容体积，mL；

$\quad$ A_s——标准溶液中三聚氰胺的峰面积；

$\quad$ m——试样的质量，g；

$\quad$ f——稀释倍数。

【空白实验】

除不称取样品外，均按上述测定条件和步骤进行。

【定量限】

本方法的定量限为 2mg/kg。

【回收率】

在添加 2～10mg/kg 浓度范围内，回收率在 80%～110% 之间，相对标准偏差小于 10%。

【允许差】

在重复性条件下获得的两次独立测定结果的绝对差值不得超过算术平均值的 10%。

项目十八

乳与乳制品中黄曲霉毒素 M 族的测定

知识点 1　黄曲霉毒素及其毒性

20 世纪 60 年代在英国发生的十万只火鸡突发性死亡事件被确认与从巴西进口的花生粕有关，科学家们很快从花生粕中找到了罪魁祸首，它是一种真菌产生的毒素，被命名为"aflatoxin"。黄曲霉毒素特别容易污染花生、玉米、稻米、大豆、小麦等粮油产品，是霉菌毒素中毒性最大、对人类健康危害极为突出的一类霉菌毒素。2017 年 10 月 27 日，世界卫生组织国际癌症研究机构公布的致癌物清单经初步整理参考，黄曲霉毒素在一类致癌物清单中。

黄曲霉毒素（aflatoxin，AFT）是主要由黄曲霉（*Aspergillus flavus*）和寄生曲霉（*Aspergillus parasiticus*）产生的次生代谢产物。黄曲霉毒素是一组化学结构类似的化合物，基本结构为二呋喃环和香豆素，已分离鉴定出包括 B_1、B_2、G_1、G_2、M_1、M_2、P_1、Q_1、H_1、G_M、B_{2a} 和毒醇 12 种，其中，B_1、B_2 和 G_1、G_2 是经常出现在农产品中的黄曲霉毒素代表。B_1 为毒性及致癌性最强的物质，在湿热地区食品和饲料中出现黄曲霉毒素的概率最高。B_1 和 B_2（图 1-34）被奶牛吃了之后，分别有一小部分会转化为 M_1 和 M_2 进入乳中，M 就是"乳"的意思，这就是牛乳中黄曲霉毒素的来源。

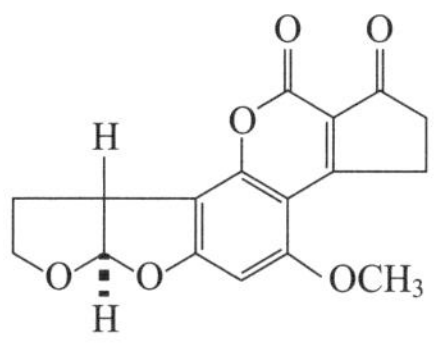

图 1-34　黄曲霉毒素 B_2

知识点 2　乳与乳制品中黄曲霉毒素的检测方法和原理

1. 检测方法

乳与乳制品中黄曲霉毒素的检测方法有同位素稀释液相色谱-串联质谱法、高效液相色谱法、酶联免疫吸附筛查法。

同位素稀释液相色谱-串联质谱法和高效液相色谱法，适用于乳、乳制品和含乳特殊膳食用食品中 AFT M_1 和 AFT M_2 的测定；酶联免疫吸附筛查法，适用于乳、乳制品和含乳特殊膳食用食品中 AFT M_1 的筛查测定。

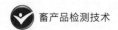

2. 检测原理

同位素稀释液相色谱-串联质谱法是将试样中的黄曲霉毒素 M_1 和黄曲霉毒素 M_2 用甲醇-水溶液提取，上清液用水或磷酸盐缓冲液稀释后，经免疫亲和柱净化和富集，净化液浓缩、定容和过滤后经液相色谱分离，串联质谱检测，同位素内标法定量。

高效液相色谱法是将试样中的黄曲霉毒素 M_1 和黄曲霉毒素 M_2 用甲醇-水溶液提取，上清液稀释后，经免疫亲和柱净化和富集，净化液浓缩、定容和过滤后经液相色谱分离，荧光检测器检测，外标法定量。

酶联免疫吸附筛查法是将试样中的黄曲霉毒素 M_1 经均质、冷冻离心、脱脂或有机溶剂萃取等处理后获得上清液。利用被辣根过氧化物酶标记或固定在反应孔中的黄曲霉毒素 M_1 与样品或标准品中的黄曲霉毒素 M_1 竞争性结合特异性抗体。在洗涤后加入相应显色剂显色，经无机酸终止反应，于 450nm 或 630nm 波长下检测。样品中的黄曲霉毒素 M_1 与吸光度在一定浓度范围内成反比。

任务 1　同位素稀释液相色谱-串联质谱法

【试剂和材料】

除非另有说明，本方法所用试剂均为分析纯，水为 GB/T 6682—2008 规定的一级水。

(1) 试剂

① 乙腈（CH_3CN）：色谱纯。

② 甲醇（CH_3OH）：色谱纯。

③ 乙酸铵（CH_3COONH_4）。

④ 氯化钠（NaCl）。

⑤ 磷酸氢二钠（Na_2HPO_4）。

⑥ 磷酸二氢钾（KH_2PO_4）。

⑦ 氯化钾（KCl）。

⑧ 盐酸（HCl）。

⑨ 石油醚（C_nH_{2n+2}）：沸程为 30~60℃。

(2) 试剂配制

① 乙酸铵溶液（5mmol/L）：称取 0.39g 乙酸铵，溶于 1000mL 水中，混匀。

② 乙腈-水溶液（25+75）：量取 250mL 乙腈加入 750mL 水中，混匀。

③ 乙腈-甲醇溶液（50+50）：量取 500mL 乙腈加入 500mL 甲醇中，混匀。

④ 磷酸盐缓冲溶液（PBS）：称取 8.00g 氯化钠、1.20g 磷酸氢二钠、0.20g 磷酸二氢钾、0.20g 氯化钾，用 900mL 水溶解后，用盐酸调节 pH 值至 7.4，再加水至 1000mL。

(3) 标准品

① AFT M_1 标准品（$C_{17}H_{12}O_7$，CAS：6795-23-9）：纯度≥98%，或经国家认证并授予标准物质证书的标准物质。

② AFT M_2 标准品（$C_{17}H_{14}O_7$，CAS：6885-57-0）：纯度≥98%，或经国家认证并授予标准物质证书的标准物质。

③ $^{13}C_{17}$-AFT M_1 同位素溶液（$^{13}C_{17}H_{14}O_7$）：0.5μg/mL。

(4) 标准溶液配制

① 标准贮备溶液（10μg/mL）：分别称取 AFT M₁ 和 AFT M₂ 1mg（精确至 0.01mg），分别用乙腈溶解并定容至 100mL。将溶液转移至棕色试剂瓶中，在 −20℃下避光密封保存。临用前进行浓度校准。

② AFT M₁、AFT M₂ 的标准溶液浓度校准方法：用乙腈溶液配制 8～10μg/mL 的 AFT M₁、AFT M₂ 标准溶液。根据下面的方法，在最大吸收波段处测定溶液的吸光度，确定 AFT M₁、AFT M₂ 的实际浓度。用分光光度计在 340～370nm 处测定，经扣除溶剂的空白试剂本底值，校正比色皿系统误差后，读取标准溶液在最大吸收波长（λ_{max}）处吸光度值 A。校准溶液实际浓度 ρ 按式（1.14）计算：

$$\rho = AM \times \frac{1000}{\varepsilon} \tag{1.14}$$

式中　ρ——校准测定的 AFT M₁、AFT M₂ 的实际浓度，μg/mL；

A——在 λ_{max} 处测得的吸光度值；

M——AFT M₁、AFT M₂ 摩尔质量，g/mol；

ε——AFT M₁、AFT M₂ 的摩尔吸光系数，m²/mol。

AFT M₁ 和 AFT M₂ 的摩尔质量及摩尔吸光系数见表 1-16。

表 1-16　AFT M₁ 和 AFT M₂ 的摩尔质量及摩尔吸光系数

黄曲霉毒素名称	摩尔质量/(g/mol)	溶剂	摩尔吸光系数/(m²/mol)
AFT M₁	328	乙腈	19000
AFT M₂	330	乙腈	21400

③ 混合标准贮备溶液（1.0μg/mL）：分别准确吸取 10μg/mL AFT M₁ 和 AFT M₂ 标准贮备溶液 1.00mL 于同一 10mL 容量瓶中，加乙腈稀释至刻度，得到 1.0μg/mL 的混合标准贮备溶液。此溶液密封后避光 4℃保存，有效期 3 个月。

④ 混合标准工作液（100ng/mL）：准确吸取混合标准贮备溶液（1.0μg/mL）1.00mL 至 10mL 容量瓶中，用乙腈定容。此溶液密封后避光 4℃保存，有效期 3 个月。

⑤ 50ng/mL 同位素内标工作液 1（¹³C₁₇-AFT M₁）：取 AFT M₁ 同位素内标（0.5μg/mL）1mL，用乙腈稀释至 10mL。在 −20℃下保存，供测定液体样品时使用。有效期 3 个月。

⑥ 5ng/mL 同位素内标工作液 2（¹³C₁₇-AFT M₁）：取 AFT M₁ 同位素内标（0.5μg/mL）100μL，用乙腈稀释至 10mL。在 −20℃下保存，供测定固体样品时使用。有效期 3 个月。

⑦ 标准系列工作溶液：分别准确吸取标准工作液 5μL、10μL、50μL、100μL、200μL、500μL 至 10mL 容量瓶中，加入 100μL 50ng/mL 的同位素内标工作液 1，用初始流动相定容至刻度，配制 AFT M₁ 和 AFT M₂ 的浓度均为 0.05ng/mL、0.1ng/mL、0.5ng/mL、1.0ng/mL、2.0ng/mL、5.0ng/mL 的标准系列溶液。

【仪器和设备】

① 天平：感量为 0.01g、0.001g 和 0.00001g。

② 水浴锅：温控（50±2）℃。

③ 旋涡混合器。

④ 超声波清洗器。

⑤ 离心机：≥6000r/min。

⑥ 旋转蒸发仪。

⑦ 固相萃取装置（带真空泵）。

⑧ 氮气吹干仪。

⑨ 液相色谱-串联质谱仪：带电喷雾离子源。

⑩ 圆孔筛：1～2mm 孔径。

⑪ 玻璃纤维滤纸：快速、高载量、液体中颗粒保留 $1.6\mu m$。

⑫ 一次性微孔滤头：带 $0.22\mu m$ 微孔滤膜（所选用滤膜应采用标准溶液检验确认无吸附现象，方可使用）。

⑬ 免疫亲和柱：对于每个批次的亲和柱在使用前需进行质量验证。免疫亲和柱的柱容量验证方法如下：

a. 柱容量验证：在 30mL 的 PBS 中加入 300ng AFT M_1 标准贮备溶液，充分混匀。分别取同一批次 3 根免疫亲和柱，每根柱的上样量为 10mL。经上样、淋洗、洗脱，收集洗脱液，用氮气吹干至 1mL，用初始流动相定容至 10mL，用液相色谱仪分离测定 AFT M_1 的含量。结果判定：AFT M_1≥80ng，为可使用商品。

b. 柱回收率验证：在 30mL 的 PBS 中加入 300ng AFT M_1 标准贮备溶液，充分混匀。分别取同一批次 3 根免疫亲和柱，每根柱的上样量为 10mL。经上样、淋洗、洗脱，收集洗脱液，用氮气吹干至 1mL，用初始流动相定容至 10mL，用液相色谱仪分离测定 AFT M_1 的含量。柱回收率＝洗脱量/上样量×100％。结果判定：AFT M_1≥80ng，为可使用商品。

c. 交叉反应率验证：在 30mL 的 PBS 中加入 300ng AFT M_2 标准贮备溶液，充分混匀。分别取同一批次 3 根免疫亲和柱，每根柱的上样量为 10mL。经上样、淋洗、洗脱，收集洗脱液，用氮气吹干至 1mL，用初始流动相定容至 10mL，用液相色谱仪分离测定 AFT M_2 的含量。结果判定：AFT M_2≥80ng，当需要时同时测定 AFT M_1、AFT M_2 使用的商品。

【分析步骤】

使用不同厂商的免疫亲和柱，在样品的上样、淋洗和洗脱的操作方面可能略有不同，应该按照供应商所提供的操作说明书要求进行操作。

注意事项：整个分析操作过程应在指定区域内进行。该区域应避光，具备相对独立的操作台和废弃物存放装置。在整个实验过程中，操作者应按照接触剧毒物的要求采取相应的保护措施。

（1）样品提取

① 液态乳、酸乳。称取 4g 混合均匀的试样（精确到 0.001g）于 50mL 离心管中，加入 $100\mu L$ $^{13}C_{17}$-AFT M_1 内标溶液（5ng/mL）振荡混匀后静置 30min，加入 10mL 甲醇，涡旋 3min。置于 4℃、6000r/min 下离心 10min 或经玻璃纤维滤纸过滤，将适量上清液或滤液转移至烧杯中，加 40mL 水或 PBS 稀释，备用。

② 乳粉、特殊膳食用食品。称取 1g 样品（精确到 0.001g）于 50mL 离心管中，加入 $100\mu L$ $^{13}C_{17}$-AFT M_1 内标溶液（5ng/mL）振荡混匀后静置 30min，加入 4mL 50℃热水，涡旋混匀。如果乳粉不能完全溶解，将离心管置于 50℃水浴中，待乳粉完全溶解后取出。待样液冷却至 20℃后，加入 10mL 甲醇，涡旋 3min。置于 4℃、6000r/min 下离心 10min 或经玻璃纤维滤纸过滤，将适量上清液或滤液转移至烧杯中，加 40mL 水或 PBS 稀释，备用。

③ 奶油。称取 1g 样品（精确到 0.001g）于 50mL 离心管中，加入 100μL $^{13}C_{17}$-AFT M_1 内标溶液（5ng/mL）振荡混匀后静置 30min，加入 8mL 石油醚，待奶油溶解，再加 9mL 水和 11mL 甲醇，振荡 30min，将全部液体移至分液漏斗中。加入 0.3g 氯化钠充分摇动溶解，静置分层后，将下层移到圆底烧瓶中，旋转蒸发至 10mL 以下，用 PBS 稀释至 30mL，备用。

④ 干酪。称取 1g 已切细、过孔径 1～2mm 圆孔筛混匀样品（精确到 0.001g）于 50mL 离心管中，加入 100μL $^{13}C_{17}$-AFT M_1 内标溶液（5ng/mL）振荡混匀后静置 30min，加入 1mL 水和 18mL 甲醇，振荡 30min，置于 4℃、6000r/min 下离心 10min 或经玻璃纤维滤纸过滤，将适量上清液或滤液转移至圆底烧瓶中，旋转蒸发至 2mL 以下，用 PBS 稀释至 30mL，备用。

（2）净化

① 免疫亲和柱的准备。将低温下保存的免疫亲和柱恢复至室温。

② 净化。免疫亲和柱内的液体弃后，将上述样液移至 50mL 注射器筒中，调节下滴流速为 1～3mL/min。待样液滴完后，往注射器筒内加入 10mL 水，以稳定流速淋洗免疫亲和柱。待水滴完后，用真空泵抽干亲和柱。脱离真空系统，在亲和柱下放置 10mL 刻度试管，取下 50mL 的注射器筒，加入 2×2mL 乙腈（或甲醇）洗脱亲和柱，控制 1～3mL/min 下滴速度，用真空泵抽干亲和柱，收集全部洗脱液至刻度试管中。在 50℃ 下用氮气缓缓地将洗脱液吹至近干，用初始流动相定容至 1.0mL，涡旋 30s 溶解残留物，0.22μm 滤膜过滤，收集滤液于进样瓶中以备进样。全自动（在线）或半自动（离线）的固相萃取仪可在优化操作参数后使用。为防止黄曲霉毒素 M 族被破坏，相关操作在避光条件下进行。

（3）液相色谱参考条件

① 液相色谱柱：C_{18} 柱（柱长 100mm，柱内径 2.1mm，填料粒径 1.7μm），或相当者。

② 色谱柱柱温：40℃。

③ 流动相：A 相为 5mmol/L 乙酸铵水溶液；B 相为乙腈-甲醇（50＋50）。梯度洗脱条件：参见表 1-17。

表 1-17　液相色谱梯度洗脱条件

时间/min	流动相 A/%	流动相 B/%	梯度变化曲线
0.0	68.0	32.0	—
0.5	68.0	32.0	1
4.2	55.0	45.0	6
5.0	0.0	100.0	6
5.7	0.0	100.0	1
6.0	68.0	32.0	6

④ 流速：0.3mL/min。

⑤ 进样体积：10μL。

（4）质谱参考条件

① 检测方式：多反应监测质谱扫描（MRM）；

② 离子源控制条件：见表 1-18；

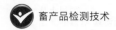

表 1-18　离子源控制条件

电离方式+	ESI
毛细管电压/kV	17.5
锥孔电压/V	45
射频透镜 1 电压/V	12.5
射频透镜 2 电压/V	12.5
离子源温度/℃	120
锥孔反吹气流量/(L/h)	50
脱溶剂气温度/℃	350
脱溶剂气流量/(L/h)	500
电子倍增电压/V	650

③ 离子选择参数：见表 1-19；

④ 子离子扫描图和液相色谱-质谱图：见图 1-35～图 1-38。

表 1-19　离子选择参数

化合物名称	母离子 /(m/z)	定量子离子 /(m/z)	碰撞能量 /eV	定性子离子 /(m/z)	碰撞能量 /eV	离子化方式
AFT M$_1$	329	273	23	259	23	ESI+
^{13}C-AFT M$_1$	346	317	23	288	24	ESI+
AFT M$_2$	331	275	23	261	22	ESI+

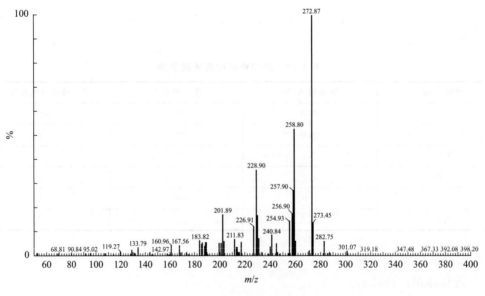

图 1-35　AFT M$_1$ 子离子扫描图

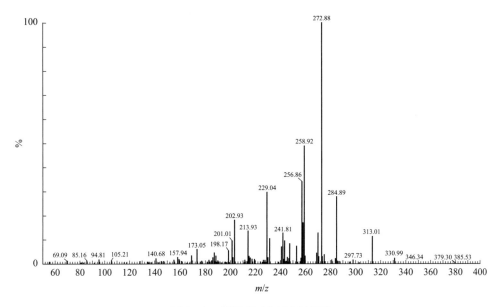

图 1-36　AFT M$_2$ 子离子扫描图

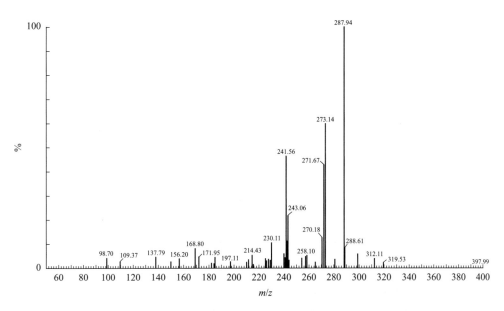

图 1-37　^{13}C-AFT M$_1$ 子离子扫描图

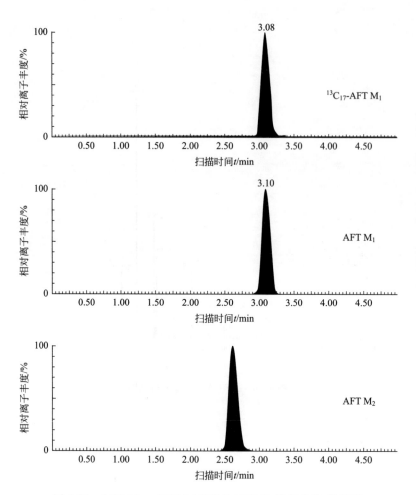

图 1-38　AFT M₁、AFT M₂ 和 ¹³C-AFT M₁ 液相色谱-质谱图

(5) 定性测定　将试样中目标化合物色谱峰的保留时间与相应标准色谱峰的保留时间相比较，变化范围应在±2.5%之内。每种化合物的质谱定性离子必须出现，至少应包括一个母离子和两个子离子，而且同一检测批次，对同一化合物，样品中目标化合物的两个子离子相对丰度与浓度相当的标准溶液相比，其最大允许偏差不超过表 1-20 规定的范围。

表 1-20　定性时相对离子丰度的最大允许偏差

相对离子丰度/%	>50	20~50	10~20	≤10
最大允许偏差/%	±20	±25	±30	±50

(6) 标准曲线的制作　在 (3)、(4) 液相色谱-串联质谱仪分析条件下，将标准系列溶液按由低到高浓度进样检测，以 AFT M₁ 和 AFT M₂ 色谱峰与内标色谱峰 ¹³C₁₇-AFT M₁ 的峰面积比值-浓度作图，得到标准曲线回归方程，其线性相关系数应大于 0.99。

(7) 试样溶液的测定　取经过步骤 (2) 净化处理得到的待测溶液进样，内标法计算待测溶液中目标物质的质量浓度，按式(1.15)计算样品中待测物的含量。

(8) 空白试验　不称取试样，按 (1) 和 (2) 的步骤做空白试验。应确认不含有干扰待测组分的物质。

【结果计算】

试样中 AFT M_1 或 AFT M_2 的残留量按式(1.15)计算:

$$X = \frac{\rho V f \times 1000}{m \times 1000}$$ (1.15)

式中　X——试样中 AFT M_1 或 AFT M_2 的含量,$\mu g/kg$;

　　　ρ——进样溶液中 AFT M_1 或 AFT M_2 按照内标法在标准曲线中对应的浓度,ng/mL;

　　　V——样品经免疫亲和柱净化洗脱后的最终定容体积,mL;

　　　f——样液稀释因子;

　　1000——换算系数;

　　　m——试样的称样量,g。

计算结果保留三位有效数字。

【精密度】

在重复性条件下获得的两次独立测定结果的绝对差值不得超过算术平均值的20%。

【其他】

称取液态乳、酸乳 4g 时,本方法 AFT M_1 检出限为 $0.005\mu g/kg$,AFT M_2 检出限为 $0.005\mu g/kg$;AFT M_1 定量限为 $0.015\mu g/kg$,AFT M_2 定量限为 $0.015\mu g/kg$。

称取乳粉、特殊膳食用食品、奶油和干酪 1g 时,本方法 AFT M_1 检出限为 $0.02\mu g/kg$,AFT M_2 检出限为 $0.02\mu g/kg$;AFT M_1 定量限为 $0.05\mu g/kg$,AFT M_2 定量限为 $0.05\mu g/kg$。

任务2　酶联免疫吸附筛查法

【试剂盒及质量判定】

(1) 试剂盒　配制溶液所需试剂均为分析纯,水为 GB/T 6682—2008 规定的二级水。按照试剂盒说明书所述,配制所需溶液。所用商品化的试剂盒需按照(2)所述方法验证合格后方可使用。

(2) 酶联免疫试剂盒的质量判定方法　选取牛乳或其他阴性样品,根据所购酶联免疫试剂盒的检出限,在阴性基质中添加 3 个浓度水平的 AFT M_1 标准溶液($0.1\mu g/kg$、$0.3\mu g/kg$、$0.5\mu g/kg$)。按照说明书操作方法,用读数仪读数,做三次平行实验。针对每个加标浓度,回收率在 50%～120% 容许范围内的该批次产品方可使用。

【仪器和设备】

① 微孔板酶标仪(图 1-39):带 450nm 与 630nm(可选)滤光片。

② 天平:最小感量为 0.01g。

③ 离心机:转速≥6000r/min。

④ 旋涡混合器。

【分析步骤】

(1) 样品前处理

① 液态样品。称取约 100g 待测样品摇匀,将其中 10g 样品用离心机在 6000r/min 或更高转速下离心 10min。取下层液体约 1g 于另一试管内,该溶液可直接测定,或者利用试剂盒提供的方法稀释后测定(待测液)。

② 乳粉、特殊膳食用食品。称取 10g 待测样品(精确到 0.1g)到小烧杯中,加水溶解,

图 1-39　Synergy H4 全功能酶标仪

转移到 100mL 容量瓶中，用水定容至刻度。以下步骤同①。

　　③ 干酪。称取 50g 待测样品（精确到 0.1g），去除表面非食用部分，硬质干酪可用粉碎机直接粉碎；软质干酪需先在 −20℃ 冷冻过夜，然后立即用粉碎机粉碎。称取 5g 混合均匀待测样品（精确到 0.1g），加入试剂盒所提供的提取液，按照试剂盒说明书进行提取，提取液即为待测液。

　　（2）定量检测　按照酶联免疫试剂盒所述操作步骤对待测试样（液）进行定量检测。

　　【结果计算】

　　（1）酶联免疫试剂盒定量检测的标准工作曲线绘制　根据标准品浓度与吸光度变化关系绘制标准工作曲线。

　　（2）待测液浓度计算　将待测液吸光度代入上述标准工作曲线得待测液浓度 ρ。

　　（3）结果计算　食品中黄曲霉毒素 M_1 的含量按式(1.16)计算：

$$X = \frac{\rho V f}{m} \tag{1.16}$$

式中　X——食品中黄曲霉毒素 M_1 的含量，$\mu g/kg$；

　　　　ρ——待测液中黄曲霉毒素 M_1 的浓度，$\mu g/L$；

　　　　V——定容体积（针对乳粉、特殊膳食用食品、液态样品）或者提取液体积（针对干酪），L；

　　　　f——稀释倍数；

　　　　m——样品取样量，kg。

计算结果保留小数点后两位。

　　注：阳性样品需用同位素稀释液相色谱-串联质谱法或高效液相色谱法进一步确认。

项目十九

乳制品菌落总数的测定

知识点　菌落总数的概念

菌落总数是指食品检样经过处理，在一定条件下培养后（如培养基成分，培养温度、时间，pH，需氧性质等），所得 1mL（g）检样中所含菌落的总数。在本方法规定的培养条件下所得结果，只是一群在营养琼脂上生长发育的嗜中温性需氧的菌落总数。

菌落总数主要作为判定食品被污染程度的标志，也可以应用这一方法观察细菌在食品中繁殖的动态，以便在被检样品进行卫生学评价时提供依据。

任务　乳制品菌落总数的测定

牛乳菌落
总数的测定

【试剂和材料】

（1）平板计数琼脂培养基

① 成分。胰蛋白胨 5.0g，酵母膏 2.5g，葡萄糖 1.0g，琼脂 15.0g，蒸馏水 1000mL。其中胰蛋白胨提供氮源，酵母膏提供 B 族维生素，葡萄糖提供碳源，琼脂是培养基的凝固剂。

② 制法。将上述成分加于蒸馏水中，煮沸溶解，调节 pH 值至 7.0 ± 0.2。分装锥形瓶，包扎，121℃高压灭菌 15min。也可购买即用型干粉平板计数琼脂，按说明配制、分装、灭菌。

（2）磷酸盐缓冲液　磷酸盐缓冲液是常用于生物学研究的一个缓冲溶液。它是一种水基盐溶液，其中含有磷酸盐，有助于保持恒定的 pH，使稀释环境渗透压和离子浓度通常与细菌渗透压和离子浓度相近（等渗）。

① 成分。磷酸二氢钾（KH_2PO_4）34.0g，蒸馏水 500mL。

② 制法

a. 贮存液：称取 34.0g 的磷酸二氢钾溶于 500mL 蒸馏水中，用约 175mL 的 1mol/L 氢氧化钠溶液调节 pH 值至 7.2，用蒸馏水稀释至 1000mL 后贮存于冰箱。

b. 稀释液：取贮存液 1.25mL，用蒸馏水稀释至 1000mL，分装于试管中，每个试管装 9mL，包扎，121℃高压灭菌 15min。也可购买即用型磷酸盐缓冲液试剂，按说明配制、分装、灭菌。

（3）无菌生理盐水　无菌生理盐水是指微生物学实验常用的使稀释环境渗透压与细菌渗透压基本相等的氯化钠溶液。用于细菌时是 0.85%，可维持细菌细胞的正常形态。

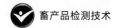
① 成分。氯化钠 8.5g，蒸馏水 1000mL。

② 制法。称取 8.5g 氯化钠溶于 1000mL 蒸馏水中，分装于试管中，每个试管装 9mL，包扎，121℃高压灭菌 15min。

【仪器和设备】

除微生物实验室常规灭菌及培养设备外，其他设备如下：

(1) 玻璃器皿和用具

① 吸管。无菌吸管 1mL（具 0.01mL 刻度）、10mL（具 0.1mL 刻度）或微量移液器及吸头。

② 无菌锥形瓶。容量 250mL、500mL。

③ 无菌培养皿。直径 90mm。

④ 试管。18mm×180mm。

⑤ 其他。玻璃珠：直径约 5mm；酒精灯；试管架；灭菌剪刀和镊子。

(2) 设备

① 恒温培养箱。(36±1)℃、(30±1)℃。

② 冰箱。2～5℃。

③ 恒温水浴箱。(46±1)℃。

④ 天平。感量为 0.1g。

⑤ 其他。放大镜或菌落计数器、均质器、振荡器、pH 计或 pH 比色管或精密 pH 试纸。

【检验程序】

菌落总数的检验程序见图 1-40。

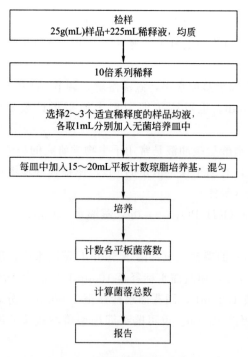

图 1-40 菌落总数的检验程序

【分析步骤】

（1）样品的稀释

① 固体和半固体样品。称取 25g 样品置盛有 225mL 无菌磷酸盐缓冲液或生理盐水的无菌均质杯内，8000～10000r/min 均质 1～2min；或放入盛有 225mL 无菌稀释液的无菌均质袋中，用拍击式均质器拍打 1～2min，制成 1:10 的样品匀液。

② 液体样品。以无菌吸管吸取 25mL 样品置盛有 225mL 无菌磷酸盐缓冲液或生理盐水的无菌锥形瓶（瓶内预置适当数量的无菌玻璃珠）中，充分混匀，制成 1:10 的样品匀液。

③ 制备 10 倍系列稀释样品匀液。用 1mL 无菌吸管或微量移液器吸取 1:10 样品匀液1mL，沿管壁缓慢注于盛有 9mL 稀释液的无菌试管中（注意吸管或吸头尖端不要触及稀释液面），振荡试管或换用 1 支无菌吸管反复吹打使其混合均匀，制成 1:100 的样品匀液。

按上述操作，制备 10 倍系列稀释样品匀液。每递增稀释一次，换用 1 支 1mL 无菌吸管或吸头。

（2）接种 根据对样品污染状况的估计，选择 2～3 个适宜稀释度的样品匀液（液体样品可包括原液），在进行 10 倍递增稀释时，吸取 1mL 样品匀液于无菌平皿内，每个稀释度做两个平皿。同时，分别吸取 1mL 空白稀释液加入两个无菌平皿内做空白对照。及时将15～20mL 冷却至 46℃ 的平板计数琼脂培养基［可放置于（46±1）℃ 恒温水浴箱中保温］倾注平皿，并转动平皿使其混合均匀。

（3）培养 待琼脂凝固后，将平板翻转，（36±1）℃ 培养（48±2）h。如果样品中可能含有在琼脂培养基表面弥漫生长的菌落时，可在凝固后的琼脂表面覆盖一薄层琼脂培养基（约 4mL），凝固后翻转平板，进行培养。

（4）菌落计数 可用肉眼观察，必要时用放大镜或菌落计数器，记录稀释倍数和相应的菌落数量。菌落计数以菌落形成单位（colony forming units，CFU）表示。

选取菌落数在 30～300CFU 之间、无蔓延菌落生长的平板计数菌落总数。小于 30CFU的平板记录具体菌落数，大于 300CFU 的可记录为多不可计。每个稀释度的菌落数应采用两个平板的平均数。

其中一个平板有较大片状菌落生长时，则不宜采用，而应以无片状菌落生长的平板作为该稀释度的菌落数；若片状菌落不到平板的一半，而其余一半中菌落分布又很均匀，即可计算半个平板后乘以 2，代表一个平板菌落数。

当平板上出现菌落间无明显界线的链状生长时，则将每条单链作为一个菌落计数。

【结果与报告】

（1）菌落总数的计算方法 若只有一个稀释度平板上的菌落数在适宜计数范围内，计算两个平板菌落数的平均值，再将平均值乘以相应稀释倍数，作为每 g(mL) 样品中菌落总数的结果。

若有两个连续稀释度的平板菌落数在适宜计数范围内，按式(1.17) 计算：

$$N = \frac{\sum C}{(n_1 + 0.1n_2)d} \tag{1.17}$$

式中　N——样品中菌落数；

$\sum C$——平板（含适宜范围菌落数的平板）菌落数之和；

n_1——第一稀释度（低稀释倍数）平板个数；

n_2——第二稀释度（高稀释倍数）平板个数；

d——稀释因子（第一稀释度）。

示例：

稀释度	1∶100(第一稀释度)	1∶1000(第二稀释度)
菌落数/CFU	232,244	33,35

$$N = \frac{\sum C}{(n_1 + 0.1n_2)d} = \frac{232+244+33+35}{[2+(0.1\times2)]\times10^{-2}} = \frac{544}{0.022} = 24727$$

上述数据经数字修约后，表示为 25000 或 2.5×10^4。

若所有稀释度的平板上菌落数均大于 300CFU，则对稀释度最高的平板进行计数，其他平板可记录为多不可计，结果按平均菌落数乘以最高稀释倍数计算。若所有稀释度的平板菌落数均小于 30CFU，则应按稀释度最低的平均菌落数乘以稀释倍数计算。若所有稀释度（包括液体样品原液）平板均无菌落生长，则以小于 1 乘以最低稀释倍数计算。若所有稀释度的平板菌落数均不在 30～300CFU 之间，其中有一部分小于 30CFU 或大于 300CFU 时，则以最接近 30CFU 或 300CFU 的平均菌落数乘以相应稀释倍数计算。

(2) 菌落总数的报告 菌落数小于 100CFU 时，按"四舍五入"原则修约，以整数报告。菌落数大于或等于 100CFU 时，第 3 位数字采用"四舍五入"原则修约后，取前 2 位数字，后面用 0 代替位数；也可用 10 的指数形式来表示，按"四舍五入"原则修约后，采用两位有效数字。

若所有平板上均为蔓延菌落而无法计数，则报告为菌落蔓延。

若空白对照上有菌落生长，则此次检测结果无效。

称重取样以 CFU/g 为单位报告，体积取样以 CFU/mL 为单位报告。

项目二十

乳制品大肠菌群计数

知识点　大肠菌群及其计数原理

1. 大肠菌群

大肠菌群并非细菌学分类命名，而是卫生细菌领域的用语，它不代表某一个或某一属细菌，而指的是具有某些特性的一组与粪便污染有关的细菌，这些细菌在生化及血清学方面并非完全一致。

大肠菌群定义为在一定培养条件下能发酵乳糖、产酸产气的需氧和兼性厌氧革兰氏阴性无芽孢杆菌。一般认为该菌群细菌包括大肠埃希氏菌、柠檬酸杆菌、克雷伯氏菌和阴沟肠杆菌等。

大肠菌群是作为粪便污染指标菌提出来的，主要是以该菌群的检出情况来表示食品中是否有粪便污染。大肠菌群数的高低，表明了粪便污染的程度，也反映了对人体健康危害性的大小。粪便是人类肠道排泄物，其中不仅有健康人粪便，也有肠道患者或带菌者的粪便，所以粪便内除一般正常细菌外，同时也会有一些肠道致病菌存在（如沙门菌、志贺菌等）。因而食品中有粪便污染，则可以推测该食品中存在着肠道致病菌污染的可能性，潜伏着食物中毒和流行病的威胁，必须看作对人体健康具有潜在的危险性。

2. 最可能数（most probable number，MPN）

基于泊松分布的一种间接计数方法。

3. 大肠菌群计数原理

（1）MPN 计数法　MPN 计数法是统计学和微生物学结合的一种定量检测法。待测样品经系列稀释并培养后，根据其未生长的最低稀释度与生长的最高稀释度，应用统计学概率推算出待测样品中大肠菌群的最可能数。

（2）平板计数法　大肠菌群在固体培养基中发酵乳糖产酸，在指示剂的作用下形成可计数的红色或紫色、带有或不带有沉淀环的菌落。

任务 1　乳制品大肠菌群 MPN 计数法计数

【试剂和材料】

（1）月桂基硫酸盐胰蛋白胨（LST）肉汤

① 成分。胰蛋白胨或胰酪胨 20.0g，氯化钠 5.0g，乳糖 5.0g，磷酸氢二钾（K_2HPO_4）

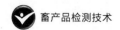

2.75g，磷酸二氢钾（KH$_2$PO$_4$）2.75g，月桂基硫酸钠 0.1g，蒸馏水 1000mL。其中胰蛋白胨提供碳源和氮源满足细菌生长需求，氯化钠可维持均衡的渗透压，乳糖是大肠菌群可发酵的糖类，磷酸氢二钾和磷酸二氢钾是培养基的 pH 缓冲剂，月桂基硫酸钠可抑制非大肠菌群的生长。

② 制法。将上述成分溶解于蒸馏水中，调节 pH 值至 6.8±0.2。分装到有杜氏发酵管的试管中，每管 10mL。121℃高压灭菌 15min。

也可购买即用型干粉月桂基硫酸盐胰蛋白胨肉汤，按说明配制、分装、灭菌。

（2）煌绿乳糖胆盐（BGLB）肉汤

① 成分。蛋白胨 10.0g，乳糖 10.0g，牛胆粉（oxgall 或 ox bile）溶液 200mL，0.1%煌绿水溶液 13.3mL，蒸馏水 800mL。其中蛋白胨提供碳、氮源，乳糖是大肠菌群可发酵的糖类，牛胆粉可抑制非大肠菌群的生长，煌绿可作为大肠菌群产酸的 pH 指示剂。

② 制法。将蛋白胨、乳糖溶于约 500mL 蒸馏水中，加入牛胆粉溶液 200mL（将 20.0g 脱水牛胆粉溶于 200mL 蒸馏水中，调节 pH 值至 7.0～7.5），用蒸馏水稀释到 975mL，调节 pH 值至 7.2±0.1，再加入 0.1%煌绿水溶液 13.3mL，用蒸馏水补足到 1000mL，用棉花过滤后，分装到有杜氏发酵管的试管中，每管 10mL。121℃高压灭菌 15min。

也可购买即用型干粉煌绿乳糖胆盐（BGLB）肉汤，按说明配制、分装、灭菌。

（3）结晶紫中性红胆盐琼脂（violet red bile agar，VRBA）

① 成分。蛋白胨 7.0g，酵母膏 3.0g，乳糖 10.0g，氯化钠 5.0g，胆盐或 3 号胆盐 1.5g，中性红 0.03g，结晶紫 0.002g，琼脂 15～18g，蒸馏水 1000mL。

② 制法。将上述成分溶于蒸馏水中，静置几分钟，充分搅拌，调节 pH 值至 7.4±0.1。煮沸 2min，将培养基溶化并恒温至 45～50℃倾注平板。使用前临时制备，不得超过 3h。

也可购买即用型干粉结晶紫中性红胆盐琼脂，按说明配制、分装、灭菌。

（4）无菌磷酸盐缓冲液 磷酸盐缓冲液是常用于生物学研究的一个缓冲溶液。它是一种水基盐溶液，其中含有磷酸盐，有助于保持恒定的 pH，使稀释环境的渗透压和离子浓度通常与细菌的相近（等渗）。

① 成分。磷酸二氢钾（KH$_2$PO$_4$）34.0g，蒸馏水 500mL。

② 制法

a. 贮存液：称取 34.0g 的磷酸二氢钾溶于 500mL 蒸馏水中，用大约 175mL 的 1mol/L 氢氧化钠溶液调节 pH 值至 7.2，用蒸馏水稀释至 1000mL 后贮存于冰箱。

b. 稀释液：取贮存液 1.25mL，用蒸馏水稀释至 1000mL，分装于试管中，每个试管装 9mL，包扎，121℃高压灭菌 15min。

也可购买即用型磷酸盐缓冲液试剂，按说明配制、分装、灭菌。

（5）无菌生理盐水 无菌生理盐水是指微生物学实验常用的使稀释环境渗透压与细菌渗透压基本相等的氯化钠溶液。用于细菌时是 0.85%，可维持细菌细胞的正常形态。

① 成分。氯化钠 8.5g，蒸馏水 1000mL。

② 制法。称取 8.5g 氯化钠溶于 1000mL 蒸馏水中，分装于试管中，每个试管装 9mL，包扎，121℃高压灭菌 15min。

（6）1mol/L NaOH 溶液

① 成分。NaOH 40.0g，蒸馏水 1000mL。

② 制法。称取 40.0g 氢氧化钠溶于 1000mL 蒸馏水中。

（7） 1mol/L HCl 溶液

① 成分。HCl 90mL，蒸馏水 1000mL。

② 制法。吸取浓盐酸 90mL，用蒸馏水稀释至 1000mL。

【仪器和设备】

除微生物实验室常规灭菌及培养设备外，其他设备如下。

（1） 玻璃器皿和用具

① 吸管。无菌吸管 1mL（具 0.01mL 刻度）、10mL（具 0.1mL 刻度）或微量移液器及吸头。

② 无菌锥形瓶。容量 250mL、500mL。

③ 无菌培养皿。直径 90mm。

④ 试管。18mm×180mm。

⑤ 其他。玻璃珠：直径约 5mm；杜氏发酵管；酒精灯；试管架；灭菌剪刀和镊子。

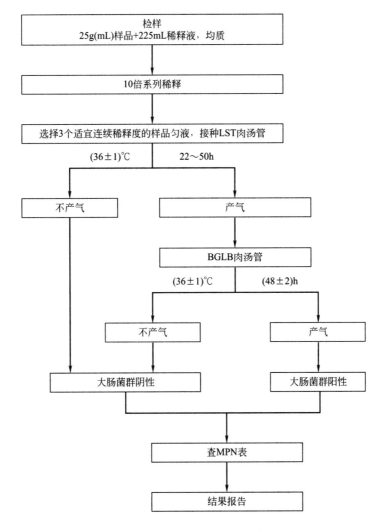

图 1-41　大肠菌群 MPN 计数法检验程序

（2）设备

① 恒温培养箱。(36±1)℃、(30±1)℃。

② 冰箱。2～5℃。

③ 恒温水浴箱。(46±1)℃。

④ 天平。感量为 0.1g。

⑤ 其他。放大镜或菌落计数器、均质器、振荡器、pH 计或 pH 比色管或精密 pH 试纸。

【检验程序】

大肠菌群 MPN 计数法的检验程序见图 1-41。

【分析步骤】

（1）样品的稀释

① 固体和半固体样品。称取 25g 样品，放入盛有 225mL 无菌磷酸盐缓冲液或生理盐水的无菌均质杯内，8000～10000r/min 均质 1～2min；或放入盛有 225mL 无菌磷酸盐缓冲液或生理盐水的无菌均质袋中，用拍击式均质器拍打 1～2min，制成 1：10 的样品匀液。

② 液体样品。以无菌吸管吸取 25mL 样品置盛有 225mL 无菌磷酸盐缓冲液或生理盐水的无菌锥形瓶（瓶内预置适当数量的无菌玻璃珠）或其他无菌容器中，充分振摇或置于机械振荡器中振摇，充分混匀，制成 1：10 的样品匀液。

③ 调节 pH。样品匀液 pH 值应在 6.5～7.5 之间，必要时可分别用 1mol/L NaOH 或 1mol/L HCl 调节。

④ 10 倍递增系列稀释。用 1mL 无菌吸管或微量移液器吸取 1：10 样品匀液 1mL，沿管壁缓缓注入盛有 9mL 磷酸盐缓冲液或生理盐水的无菌试管中（注意吸管或吸头尖端不要触及稀释液面），振摇试管或换用 1 支 1mL 无菌吸管反复吹打使其混合均匀，制成 1：100 的样品匀液。

根据对样品污染状况的估计，按上述操作，依次制成 10 倍递增系列稀释样品匀液。每递增稀释 1 次，换用 1 支 1mL 无菌吸管或吸头。从制备样品匀液至样品接种完毕，全过程不得超过 15min。

（2）初发酵试验 每个样品，选择 3 个适宜的连续稀释度样品匀液（液体样品可以选择原液），每个稀释度接种 3 管月桂基硫酸盐胰蛋白胨（LST）肉汤，每管接种 1mL（如接种量超过 1mL，则用双料 LST 肉汤），(36±1)℃培养 (24±2)h，观察杜氏发酵管内是否有气泡产生，(24±2)h 产气者进行复发酵试验（证实试验），如未产气则继续培养至 (48±2)h，产气者进行复发酵试验。未产气者为大肠菌群阴性。

（3）复发酵试验（证实试验） 用接种环从产气的 LST 肉汤管中分别取培养物 1 环，移种于煌绿乳糖胆盐肉汤（BGLB）管中，(36±1)℃培养 (48±2)h，观察产气情况。产气者，计为大肠菌群阳性管。

（4）大肠菌群最可能数（MPN）的报告 按照（3）证实的大肠菌群 BGLB 阳性管数，检索 MPN 表（见表 1-21），报告每 g(mL) 样品中大肠菌群的 MPN 值。

表 1-21　大肠菌群最可能数（MPN）检索表

阳性管数			MPN	95%可信限		阳性管数			MPN	95%可信限	
0.1	0.01	0.001		下限	上限	0.1	0.01	0.001		下限	上限
0	0	0	<3.0	—	9.5	2	2	0	21	4.5	42
0	0	1	3.0	0.15	9.6	2	2	1	28	8.7	94
0	1	0	3.0	0.15	11	2	2	2	35	8.7	94
0	1	1	6.1	1.2	18	2	3	0	29	8.7	94
0	2	0	6.2	1.2	18	2	3	1	36	8.7	94
0	3	0	9.4	3.6	38	3	0	0	23	4.6	94
1	0	0	3.6	0.17	18	3	0	1	38	8.7	110
1	0	1	7.2	1.3	18	3	0	2	64	17	180
1	0	2	11	3.6	38	3	1	0	43	9	180
1	1	0	7.4	1.3	20	3	1	1	75	17	200
1	1	1	11	3.6	38	3	1	2	120	37	420
1	2	0	11	3.6	42	3	1	3	160	40	420
1	2	1	15	4.5	42	3	2	0	93	18	420
1	3	0	16	4.5	42	3	2	1	150	37	420
2	0	0	9.2	1.4	38	3	2	2	210	40	430
2	0	1	14	3.6	42	3	2	3	290	90	1000
2	0	2	20	4.5	42	3	3	0	240	42	1000
2	1	0	15	3.7	42	3	3	1	460	90	2000
2	1	1	20	4.5	42	3	3	2	1100	180	4100
2	1	2	27	8.7	94	3	3	3	>1100	420	—

注：1. 本表采用 3 个稀释度 [0.1g（mL）、0.01g（mL）、0.001g（mL）]，每个稀释度接种 3 管。

2. 表内所列检样量如改用 1g（mL）、0.1g（mL）和 0.01g（mL）时，表内数字应相应降低 10 倍；如改用 0.01g（mL）、0.001g（mL）和 0.0001g（mL）时，则表内数字应相应升高 10 倍，其余类推。

任务 2　乳制品大肠菌群平板计数法计数

大肠菌群平板
计数

【试剂和材料】

同任务 1。

【仪器和设备】

同任务 1。

【检验程序】

大肠菌群平板计数法的检验程序见图 1-42。

【分析步骤】

（1）样品的稀释　同任务 1。

（2）接种和培养

① 接种。选取 2～3 个适宜的连续稀释度，每个稀释度接种 2 个无菌平皿，每皿 1mL。同时取 1mL 生理盐水加入无菌平皿做空白对照。

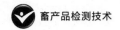

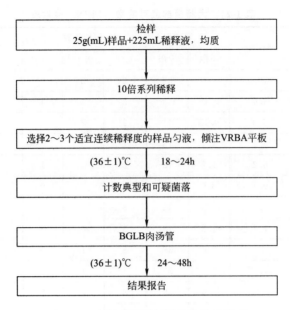

图 1-42　大肠菌群平板计数法检验程序

② 培养。及时将 15～20mL 溶化并恒温至 46℃ 的结晶紫中性红胆盐琼脂（VRBA）倾注于每个平皿中。小心旋转平皿，将培养基与样液充分混匀，待琼脂凝固后，再加 3～4mL VRBA 覆盖平板表层，造成厌氧环境。翻转平板，置于（36±1）℃培养 18～24h。

(3) 平板菌落数的选择　选取菌落数在 15～150CFU 之间的平板，分别计数平板上出现的典型和可疑大肠菌群菌落（如菌落直径较典型菌落小）。典型菌落为紫红色，菌落周围有红色的胆盐沉淀环，菌落直径为 0.5mm 或更大，最低稀释度平板低于 15CFU 的记录具体菌落数。

(4) 证实试验　从 VRBA 平板上挑取 10 个不同类型的典型和可疑菌落，少于 10 个菌落的挑取全部典型和可疑菌落。分别移种于 BGLB 肉汤管内，（36±1）℃培养 24～48h，观察产气情况。凡 BGLB 肉汤管产气，即可报告为大肠菌群阳性。

(5) 大肠菌群平板计数的报告　将经最后证实为大肠菌群阳性的试管比例乘以（3）中计数的平板菌落数，再乘以稀释倍数，即为每 g(mL) 样品中大肠菌群数。例：10^{-4} 样品稀释液 1mL，在 VRBA 平板上有 100 个典型和可疑菌落，挑取其中 10 个接种 BGLB 肉汤管，证实有 6 个阳性管，则该样品的大肠菌群数为：$100×6/10×10^4/g(mL)=6.0×10^5CFU/g$ (mL)。若所有稀释度（包括液体样品原液）平板均无菌落生长，则以小于 1 乘以最低稀释倍数计算。

项目二十一

克罗诺杆菌属细菌检验

知识点 1　克罗诺杆菌属细菌概述

克罗诺杆菌原名阪崎肠杆菌，是革兰氏阴性、兼性厌氧、杆状、能运动的杆菌，属于肠杆菌科家族。

克罗诺杆菌属与肠杆菌属和柠檬酸细菌属有较近的亲缘关系。克罗诺杆菌最初被描述为产黄色色素的阴沟肠杆菌（25℃，在 TSA 培养基上产黄色色素）。1961 年英国 Franklin 等首次报道了 2 例产黄色色素阴沟肠杆菌致新生儿脑膜炎以后，相继在世界范围内（美国、冰岛、荷兰等国家）报道了一系列新生儿感染产黄色色素阴沟肠杆菌事件。1980 年 Farmer 等在文献中指出通过 DNA 杂交他们发现产黄色色素阴沟肠杆菌之间 DNA 一致性可达 83%～89%，而产黄色色素阴沟肠杆菌与阴沟肠杆菌的 DNA 共有序列只有 31%～49%，建议对产黄色色素阴沟肠杆菌重新分类。最终产黄色色素阴沟肠杆菌被认为是一个新的菌种，并以日本微生物学家的名字命名，即阪崎肠杆菌。

2008 年，Iversen 等利用 16SrRNA 基因序列分析、荧光标记-扩增片段长度多态性指纹图谱、核糖体分型及 DNA 杂交等多种技术将原有的全部阪崎肠杆菌划分为一个隶属肠杆菌科的新属——克罗诺杆菌属，该属包括 6 个种，分别为阪崎克罗诺杆菌、丙二酸盐克罗诺杆菌、苏黎世克罗诺杆菌、莫金斯克罗诺杆菌、都柏林克罗诺杆菌和克罗诺杆菌基因种 1。其中，都柏林克罗诺杆菌分为 3 个亚种，分别为都柏林克罗诺杆菌乳粉亚种、都柏林克罗诺杆菌都柏林亚种和都柏林克罗诺杆菌洛桑亚种。2012 年，Joseph 等采用 16SrRNA 基因序列分析和多位点测序技术增加了康迪蒙提克罗诺杆菌、尤尼沃斯克罗诺杆菌在内的 2 个新种，并将原来分类中的基因种 1 归入尤尼沃斯克罗诺杆菌，从而将克罗诺杆菌进一步分为 7 个种和 3 个亚种。

知识点 2　克罗诺杆菌属细菌在婴幼儿乳粉中的检测意义

克罗诺杆菌能够在很宽的温度范围内生长，最低 5.5℃，最高 44～47℃。该微生物对干燥处理有很强的耐受性，以脱水状态在婴儿乳粉中能够存活 2 年。加水复原后，能够快速生长。

克罗诺杆菌能够引发严重的新生儿感染：坏死性小肠结肠炎、败血病和脑膜炎。伴随脑膜炎和其他感染的致死率为 50%，并给存活者带来永久性的神经损伤。克罗诺杆菌能够穿过人的肠道细胞，在巨噬细胞内复制，并且可穿透血脑屏障。流行病学和实验室研究结果显示，克罗诺杆菌的 7 个种均具有致病性，且各个种之间毒力表型差异较大，与新生儿感染有关的主要有阪崎克罗诺杆菌、丙二酸盐克罗诺杆菌和苏黎世克罗诺杆菌，其中以阪崎克罗诺杆菌为主，其他 4 种克罗诺杆菌也均有感染婴儿和成人的案例。2002 年国际食品微生物标准委员会（ICMSF）将克罗诺杆菌列为"严重危害特定人群生命、引起长期慢性实质性后遗症的一种致病菌"。2004 年联合国粮食及农业组织（FAO）和世界卫生组织（WHO）经过风险性评估，将克罗诺杆菌和沙门菌共同列为婴儿配方粉的 A 类致病菌。

世界各国婴儿配方粉中该菌的污染状况均不容乐观，1988 年 MUYTJENS 检测了来自 35 个国家的 141 份婴儿配方粉，克罗诺杆菌污染率为 14.2%。2008 年我国针对 88 份北京市出售国产婴幼儿配方乳粉及婴幼儿食品的研究发现，82 份牛乳配方乳粉中有 1 份检出克罗诺杆菌，阳性率为 1.22%；6 份羊乳配方乳粉中有 4 份检出克罗诺杆菌，阳性率为 66.67%；71 份婴幼儿乳粉中有 6 份检出克罗诺杆菌，阳性率为 8.45%。2015～2016 年 GAN 等对安徽、北京、福建、广东、河北、黑龙江、湖南、江苏、江西、辽宁、山东、陕西、上海、天津、浙江和重庆 16 个省市的 63 个品牌共计 119 份婴儿配方粉和乳粉的检测结果显示，4 份样品存在克罗诺杆菌污染，阳性率为 3.36%。因此，克罗诺杆菌属细菌检验对于婴幼儿食品市场监管和企业自身管理的意义十分重大。

任务 1　克罗诺杆菌属细菌定性检验

婴幼儿乳粉
中克罗诺杆
菌的检验

【设备和材料】

除微生物实验室常规灭菌及培养设备外，其他设备和材料如下：

① 恒温培养箱：(25±1)℃、(36±1)℃、(44±0.5)℃。

② 冰箱：2～5℃。

③ 恒温水浴箱：(44±0.5)℃。

④ 天平：感量为 0.1g。

⑤ 均质器。

⑥ 振荡器。

⑦ 无菌吸管：1mL（具 0.01mL 刻度）、10mL（具 0.1mL 刻度）或微量移液器及吸头。

⑧ 无菌锥形瓶：容量 100mL、200mL、2000mL。

⑨ 无菌培养皿：直径 90mm。

⑩ pH 计、pH 比色管或精密 pH 试纸。

⑪ 全自动微生物生化鉴定系统。

【培养基和试剂】

(1) 缓冲蛋白胨水（BPW）

① 成分。蛋白胨 10.0g，氯化钠 5.0g，磷酸氢二钠（$Na_2HPO_4 \cdot 12H_2O$）9.0g，磷酸二氢钾 1.5g，蒸馏水 1000mL。

② 制法。加热搅拌至溶解，调节 pH 值至 7.2±0.2，121℃高压灭菌 15min。

(2) 改良月桂基硫酸盐胰蛋白胨肉汤-万古霉素（mLST-Vm）

① 改良月桂基硫酸盐胰蛋白胨（mLST）肉汤

a. 成分：氯化钠 34.0g，胰蛋白胨 20.0g，乳糖 5.0g，磷酸二氢钾 2.75g，磷酸氢二钾 2.75g，十二烷基硫酸钠 0.1g，蒸馏水 1000mL。

b. 制法：加热搅拌至溶解，调节 pH 值至 6.8±0.2。分装每管 10mL，121℃高压灭菌 15min。

② 万古霉素溶液

a. 成分：万古霉素 10.0mg，蒸馏水 10.0mL。

b. 制法：将 10.0mg 万古霉素溶解于 10.0mL 蒸馏水，过滤除菌。万古霉素溶液可以在 0～5℃保存 15d。

③ 改良月桂基硫酸盐胰蛋白胨肉汤-万古霉素（mLST-Vm）。每 10mL mLST 加入万古霉素溶液 0.1mL，混合液中万古霉素的终浓度为 10μg/mL，mLST-Vm 必须在 24h 之内使用。

(3) 克罗诺杆菌属细菌（阪崎肠杆菌）显色培养基

(4) 胰蛋白胨大豆琼脂（TSA）

① 成分。胰蛋白胨 15.0g，植物蛋白胨 5.0g，氯化钠 5.0g，琼脂 15.0g，蒸馏水 1000mL。

② 制法。加热搅拌至溶解，煮沸 1min，调节 pH 值至 7.3±0.2，121℃高压灭菌 15min。

(5) 克罗诺杆菌属细菌（阪崎肠杆菌）生化鉴定试剂盒

(6) 氧化酶试剂

① 成分。N,N,N',N'-四甲基对苯二胺盐酸盐 1.0g，蒸馏水 100mL。

② 制法。少量新鲜配制，于冰箱内避光保存，在 7d 之内使用。

③ 实验方法。用玻璃棒或一次性接种针挑取单个特征性菌落，涂布在氧化酶试剂湿润的滤纸平板上。如果滤纸在 10s 内未变为紫红色、紫色或深蓝色，则为氧化酶试验阴性，否则即为氧化酶试验阳性。注意实验中切勿使用镍/铬材料。

(7) L-赖氨酸脱羧酶培养基

① 成分。L-赖氨酸盐酸盐 5.0g，酵母膏 3.0g，葡萄糖 1.0g，溴甲酚紫 0.015g，蒸馏水 1000mL。

② 制法。将各成分加热溶解，必要时调节 pH 值至 6.8±0.2。每管分装 5mL，121℃高压灭菌 15min。

③ 实验方法。挑取培养物接种于 L-赖氨酸脱羧酶培养基，刚好在液体培养基的液面下。(30±1)℃培养（24±2）h，观察结果。L-赖氨酸脱羧酶试验阳性者，培养基呈紫色；阴性者为黄色；空白对照管为紫色。

(8) L-鸟氨酸脱羧酶培养基

① 成分。L-鸟氨酸盐酸盐 5.0g，酵母膏 3.0g，葡萄糖 1.0g，溴甲酚紫 0.015g，蒸馏水 1000mL。

② 制法。将各成分加热溶解，必要时调节 pH 值至 6.8±0.2。每管分装 5mL，121℃高压灭菌 15min。

③ 实验方法。挑取培养物接种于 L-鸟氨酸脱羧酶培养基，刚好在液体培养基的液面下。(30±1)℃培养（24±2）h，观察结果。L-鸟氨酸脱羧酶试验阳性者，培养基呈紫色；阴性者为黄色。

(9) L-精氨酸双水解酶培养基

① 成分。L-精氨酸盐酸盐 5.0g，酵母膏 3.0g，葡萄糖 1.0g，溴甲酚紫 0.015g，蒸馏

水 1000mL。

② 制法。将各成分加热溶解，必要时调节 pH 值至 6.8±0.2。每管分装 5mL，121℃高压灭菌 15min。

③ 实验方法。挑取培养物接种于 L-精氨酸双水解酶培养基，刚好在液体培养基的液面下。(30±1)℃培养（24±2)h，观察结果。L-精氨酸双水解酶试验阳性者，培养基呈紫色；阴性者为黄色。

精氨酸双水解是指：精氨酸经水解后，生成鸟氨酸、氨及二氧化碳。鸟氨酸又在脱羧酶的作用下生成腐胺。氨及腐胺均为碱性物质，故可使培养基变碱，用指示剂指示出来。溴甲酚紫指示剂显示紫色为阳性。

（10）糖类发酵培养基

① 基础培养基

a. 成分：酪蛋白（酶消化）10.0g，氯化钠 5.0g，酚红 0.02g，蒸馏水 1000mL。

b. 制法：将各成分加热溶解，必要时调节 pH 值至 6.8±0.2。每管分装 5mL，121℃高压灭菌 15min。

② 糖类溶液（D-山梨醇、L-鼠李糖、D-蔗糖、D-蜜二糖、苦杏仁苷）

a. 成分：糖 8.0g，蒸馏水 100mL。

b. 制法：分别称取 D-山梨醇、L-鼠李糖、D-蔗糖、D-蜜二糖、苦杏仁苷等糖类成分各 8g，溶于 100mL 蒸馏水中，过滤除菌，制成 80mg/mL 的糖类溶液。

③ 完全培养基

a. 成分：基础培养基 875mL，糖类溶液 125mL。

b. 制法：无菌操作，将每种糖类溶液加入基础培养基，混匀。分装到无菌试管中，每管 10mL。

④ 实验方法。挑取培养物接种于各种糖类发酵培养基，刚好在液体培养基的液面下。(30±1)℃培养（24±2)h，观察结果。糖类发酵试验阳性者，培养基呈黄色；阴性者为红色。

（11）西蒙氏柠檬酸盐培养基

① 成分。柠檬酸钠 2.0g，氯化钠 5.0g，磷酸氢二钾 1.0g，磷酸二氢铵 1.0g，硫酸镁 0.2g，溴麝香草酚蓝 0.08g，琼脂 8.0～18.0g，蒸馏水 1000mL。

② 制法。将各成分加热溶解，必要时调节 pH 值至 6.8±0.2。每管分装 10mL，121℃高压灭菌 15min，制成斜面。

③ 实验方法。挑取培养物接种于整个培养基斜面，(36±1)℃培养（24±2)h，观察结果。试验阳性者，培养基变为蓝色。

【检验程序】

克罗诺杆菌属细菌检验程序见图 1-43。

【操作步骤】

注意：克罗诺杆菌属细菌为致病菌，以下操作请在生物安全柜中进行。

（1）预增菌 取检样 100g（mL）置灭菌锥形瓶中，加入 900mL 已预热至 44℃的缓冲蛋白胨水（BPW），用手缓缓摇动至充分溶解，(36±1)℃培养（18±2)h。使用的增菌液为缓冲蛋白胨水，它营养丰富，有利于培养环境形成缓冲体系（见图 1-44）。

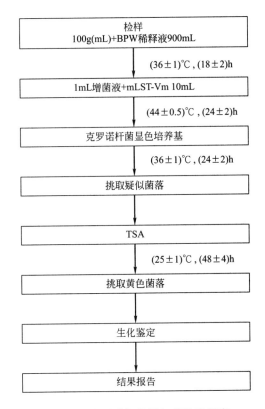

图 1-43　克罗诺杆菌属细菌检验程序

(a) 未混匀状态　　　　　　　(b) 混匀状态

图 1-44　100g(mL) 样品加 900mL 增菌液状态

（2）**选择性增菌**　移取 1mL 转种于 10mL mLST-Vm 肉汤，(44±0.5)℃培养（24±2）h。选择性增菌液使用的是改良月桂基硫酸盐胰蛋白胨肉汤-万古霉素（mLST-Vm）。改良月桂基硫酸盐胰蛋白胨含盐量高，有利于筛选耐高渗透压的克罗诺杆菌属细菌，因预增菌已经优化，仅使用 1mL 增菌液即可。万古霉素能有效抑制革兰氏阳性菌（G⁺）生长，较高温度培养可以抑制其他细菌生长，而克罗诺杆菌属细菌能在高温下更好生长。

注意在改良月桂基硫酸盐胰蛋白胨灭菌后使用前再加万古霉素，放置时间不超过 24h。要求 44℃培养，温度波动小于 0.5℃。

（3）**平板分离**　轻轻混匀 mLST-Vm 肉汤培养物，各取增菌培养物 1 环，分别划线接种于两个克罗诺杆菌分离显色培养基平板，显色培养基须符合 GB 4789.28—2013 的要求，

(36±1)℃培养（24±2）h，或按培养基要求条件培养。

一种克罗诺杆菌分离显色培养基（CCI），添加了5-溴-4-氯-吲哚-β-D-吡喃葡萄糖苷。显色底物5-溴-4-氯-3-吲哚-β-D-吡喃葡萄糖苷特异性地被克罗诺杆菌裂解，产生蓝绿色菌落，其他微生物不裂解显色底物，产生无色菌落，选择性极佳（见图1-45）。

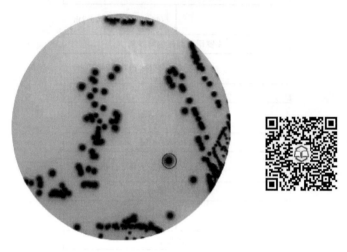

图1-45　克罗诺杆菌分离显色培养基（CCI）上的疑似克罗诺杆菌属菌落

（4）平板确认　挑取至少5个可疑菌落，不足5个时挑取全部可疑菌落，划线接种于TSA平板。（25±1）℃培养（48±4）h。在TSA培养基上产生黄色色素的为高度疑似菌落（图1-46）。

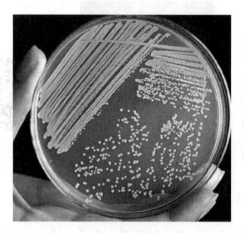

图1-46　胰蛋白胨大豆琼脂（TSA）上的平板确认

（5）生化鉴定　从TSA平板上直接挑取黄色可疑菌落，进行生化鉴定。克罗诺杆菌属细菌的主要生化特征见表1-22。可选择生化鉴定试剂盒或全自动微生物生化鉴定系统，操作方法见项目二十一任务2。

表1-22　克罗诺杆菌属细菌的主要生化特征

生化实验	特征
黄色色素产生	+
氧化酶	−

生化实验		特征
L-赖氨酸脱羧酶		－
L-鸟氨酸脱羧酶		（＋）
L-精氨酸双水解酶		＋
柠檬酸水解		（＋）
发酵	D-山梨醇	（－）
	L-鼠李糖	＋
	D-蔗糖	＋
	D-蜜二糖	＋
	苦杏仁苷	＋

注：＋＞99％，阳性；－＜99％，阴性；（＋）90％～99％，阳性；（－）90％～99％，阴性。

【结果与报告】

综合菌落形态和生化特征，报告每 100g（mL）样品中检出或未检出克罗诺杆菌属细菌。

任务 2 API 20E 生化鉴定试剂盒使用

下面以法国梅里埃公司生产的 API 20E（梅里埃金标准肠杆菌生化鉴定试剂盒）为例说明克罗诺杆菌属细菌的生化鉴定步骤。

【API 20E 鉴定原理】

API 20E 是肠杆菌科和其他 G⁻ 杆菌的标准鉴定系统，包括 23 个标准化微型生化测试和鉴定资料库。可鉴定的细菌名录，请参考 API 20E 使用说明书上的鉴定表。API 20E 试验条由 20 个含干燥底物的小管组成，这些测定管用细菌稀释液接种、培养一定时间后，通过代谢作用产生颜色的变化，或是加入试剂后变色而观察其结果。根据鉴定表判读反应，参照分析图索引和 API LAB Plus 软件得到鉴定结果。

【API 20E 试剂和所需设备】

（1）试剂

① 25 次试验条盒。包括 25 条 API 20E 试验条，25 个培养盒，25 张报告单，1 个封口夹，1 份 API 20E 操作说明书。

② 100 次试验条盒。包括 100 条 API 20E 试验条，100 个培养盒，100 张报告单，1 个封口夹，1 份 API 20E 说明书。

（2）附加试剂

① 细菌稀释液。0.85％ NaCl 溶液（或使用 0.85％无杂质生理盐水）5mL。

② 判定结果用试剂

a. API 20E 试剂盒包括：TDA、IND、VP 1、VP 2、NIT 1、NIT 2 和 OX。

b. 单一附加试剂 TDA、JAMES、VP1、VP 2、NIT 1、NIT 2、OX、API OF Medium。

c. Zn 试剂。

③ 覆盖试剂：石蜡油。

（3）所需设备

① API 专用

a. API 专用一次性加样管。

b. API LAB Plus 鉴定结果分析软件。

c. 附加试剂安瓿架。

② 常规设备

a. 培养箱：35～37℃。

b. 冰箱。

c. 本生煤气喷灯或酒精灯。

d. 记号笔。

API 20E 试剂和所需设备见图 1-47。

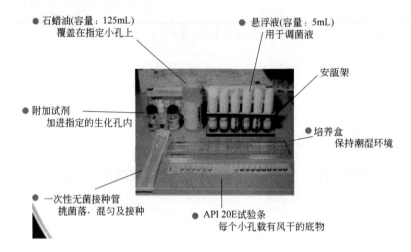

图 1-47　API 20E 试剂和所需设备

【操作步骤】

注意：克罗诺杆菌属细菌为致病菌，以下操作请在生物安全柜中进行。

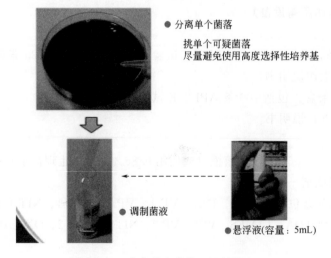

图 1-48　分离单个菌落，调制菌液

（1）试验条的准备 准备一个培养盒，在盒的蜂窝小凹中倒入 5mL 蒸馏水或软化水，造成湿润环境。从包装中取出试验条放入盒中，在盒边缘写上编号。

（2）菌液的制备 取 0.85% NaCl 溶液 5mL 或使用 0.85% 无杂质生理盐水 5mL 作为细菌稀释液。用吸管或接种针从分离平板上挑取单个菌落至稀释液中，仔细混匀（图 1-48）。

（3）试验条的接种 用同一根吸管，将菌液充满 CIT、VP 和 GEL 管的管部和杯部（加满），其他管仅充满管部（不是杯部）。ADH、LDC、ODC、H$_2$S 和 URE 管用石蜡油覆盖以形成厌氧环境，由于添加了石蜡油，液面呈凸状（图 1-49）。

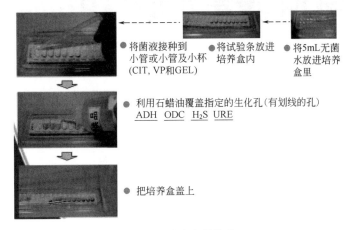

● 将菌液接种到小管或小管及小杯(CIT, VP和GEL) ● 将试验条放进培养盒内 ● 将5mL无菌水放进培养盒里

● 利用石蜡油覆盖指定的生化孔(有划线的孔)
ADH ODC H$_2$S URE

● 把培养盒盖上

图 1-49　试验条的接种

（4）培养 盖上培养盒，在 35~37℃ 条件下培养 18~24h（图 1-50）。

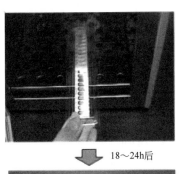

● 把试验条放进孵育箱内，指定温度及时间
API 20E:35~37℃,18~24h

18~24h后

● 按操作说明书规定，将附加试剂加入适当小孔内

● API 20E附加试剂

图 1-50　培养和添加附加试剂

（5）结果判读 按照说明书添加附加试剂到小孔内，根据说明书或彩图的指示进行结果判读（图 1-51、图 1-52），在报告单上记录结果。如果在加入附加试剂前阳性结果（包括 GLU 试验）数量少于 3 个，需重新培养 21h 且不加任何试剂。

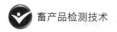

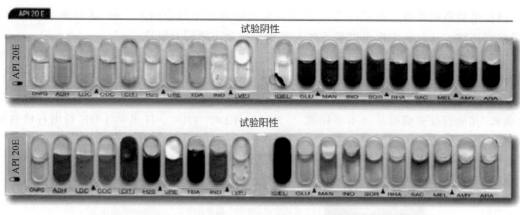

图 1-51　培养 24h 后滴加附加试剂显色，上行为阴性，下行为阳性

API 20E 生化反应表

● 根据说明书或彩图的指示，记录结果于报告单上。

试验	底物	反应/酶	结果	
			阴性	阳性
ONPG	邻硝基苯-半乳糖苷	β-半乳糖苷酶	无色	黄(1)
ADH	精氨酸	精氨酸双水解酶	黄色	红/橙色(2)
LDC	赖氨酸	赖氨酸脱羧酶	黄色	橙色
ODC	鸟氨酸	鸟氨酸脱羧酶	黄色	红/橙色(2)
CIT	柠檬酸钠	柠檬酸利用	淡绿/黄	蓝绿/蓝(3)
H_2S	硫代硫酸钠	H_2S 产生	无色/微灰	黑色沉淀/细线
URE	脲素	脲酶	黄色	红/橙色
TDA	色氨酸	色氨酸脱氨酶	(TDA/立即)	
			黄色	深褐
IND	色氨酸	吲哚产生	(James 试剂/立即或 IND 吲哚 2min)	
			James 无色	James 粉红
			淡绿/黄	
			IND 黄色	IND 红色环

● 利用编码手册或API LAB Plus软件进行分析

图 1-52　根据说明书或彩图的指示进行结果判读

① TDA 试验：加 1 滴 TDA 试剂，深褐色为阳性反应。

② IND 试验：加 1 滴 JAMES 试剂，粉红色立即出现为阳性反应。

③ VP 试验：加 1 滴 VP1 和 1 滴 VP2 试剂，等待至少 10min，浅粉或红色表示为阳性结果；如浅粉红色在 10~12min 内出现，判断结果为阴性。

④ NO_2 测定：各加一滴 NIT1 和 NIT2 试剂于 GLU（葡萄糖）管内，待 2~3min 后，红色表示阳性；如果出现阴性反应（黄色）可能是由于还原至 N_2（有时还有气泡），再加 2~3mg 锌粉到 GLU 管，5min 后，如果管保持黄色表示 NO_2 阳性，记录结果于报告单上。

（6）利用 API LAB Plus 软件进行分析　配备 API LAB Plus 软件的客户也可以利用 API LAB Plus 软件进行结果分析。首先进入 API LAB Plus 软件操作界面，然后选择所用的 API 试验条，输入 API 试验条判读结果（＋，－,?），API LAB Plus 软件会进行自动检索识别，与资料库内不同条目比较，找出最有可能结果。当识别结果较低，软件会提示进行补充试验，补充试验完成后得到最终简易生化结果（见图 1-53~图 1-59）。

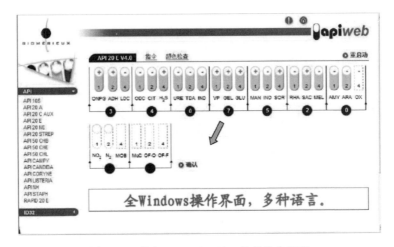

图 1-53　进入 API LAB Plus 软件操作界面

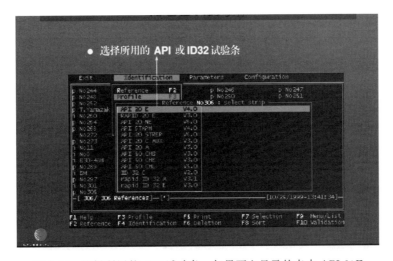

图 1-54　选择所用的 API 试验条，如界面上显示的点击 API 20E

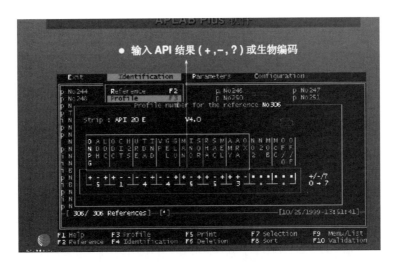

图 1-55　输入 API 试验条判读结果（＋，－,?）

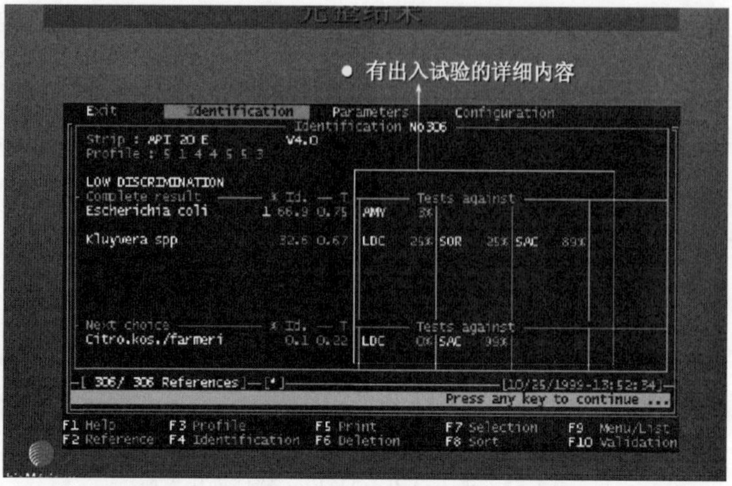

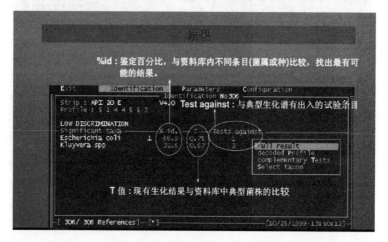

图 1-56　API LAB Plus 软件进行自动检索识别

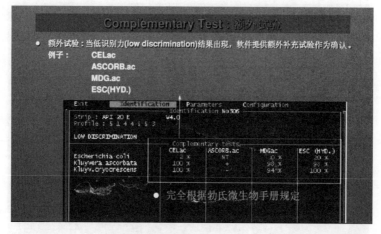

图 1-57　与资料库内不同条目比较，找出最有可能结果

图 1-58　当识别结果低的结果出现，软件会提示进行补充试验

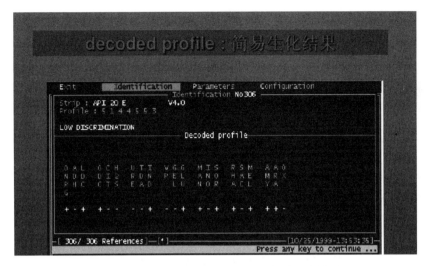

图 1-59 补充试验完成后得到最终简易生化结果

任务 3 克罗诺杆菌属细菌的计数

【设备和材料】

除微生物实验室常规灭菌及培养设备外，其他设备和材料如下：

① 恒温培养箱：(25 ± 1)℃、(36 ± 1)℃、(44 ± 0.5)℃。

② 冰箱：$2\sim5$℃。

③ 恒温水浴箱：(44 ± 0.5)℃。

④ 天平：感量为 0.1g。

⑤ 均质器。

⑥ 振荡器。

⑦ 无菌吸管：1mL（具 0.01mL 刻度）、10mL（具 0.1mL 刻度）或微量移液器及吸头。

⑧ 无菌锥形瓶：容量 100mL、200mL、2000mL。

⑨ 无菌培养皿：直径 90mm。

⑩ pH 计、pH 比色管或精密 pH 试纸。

⑪ 全自动微生物生化鉴定系统。

【培养基和试剂】

(1) 缓冲蛋白胨水（BPW）

① 成分。蛋白胨 10.0g，氯化钠 5.0g，磷酸氢二钠（$Na_2HPO_4\cdot12H_2O$）9.0g，磷酸二氢钾 1.5g，蒸馏水 1000mL。

② 制法。加热搅拌至溶解，调节 pH 值至 7.2 ± 0.2，121℃高压灭菌 15min。

(2) 改良月桂基硫酸盐胰蛋白胨肉汤-万古霉素（mLST-Vm）

① 改良月桂基硫酸盐胰蛋白胨（mLST）肉汤

a. 成分：氯化钠 34.0g，胰蛋白胨 20.0g，乳糖 5.0g，磷酸二氢钾 2.75g，磷酸氢二钾 2.75g，十二烷基硫酸钠 0.1g，蒸馏水 1000mL。

b. 制法：加热搅拌至溶解，调节 pH 值至 6.8 ± 0.2。每管分装 10mL，121℃高压灭

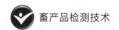

菌 15min。

② 万古霉素溶液

a. 成分：万古霉素 10.0mg，蒸馏水 10.0mL。

b. 制法：将 10.0mg 万古霉素溶解于 10.0mL 蒸馏水，过滤除菌。万古霉素溶液可以在 0～5℃保存 15d。

③ 改良月桂基硫酸盐胰蛋白胨肉汤-万古霉素（mLST-Vm）。每 10mL mLST 加入万古霉素溶液 0.1mL，混合液中万古霉素的终浓度为 10μg/mL，mLST-Vm 必须在 24h 之内使用。

（3）克罗诺杆菌属（阪崎肠杆菌）显色培养基

（4）胰蛋白胨大豆琼脂（TSA）

① 成分。胰蛋白胨 15.0g，植物蛋白胨 5.0g，氯化钠 5.0g，琼脂 15.0g，蒸馏水 1000mL。

② 制法。加热搅拌至溶解，煮沸 1min，调节 pH 值至 7.3±0.2，121℃高压灭菌 15min。

（5）克罗诺杆菌属（阪崎肠杆菌）生化鉴定试剂盒

（6）氧化酶试剂

① 成分。N,N,N',N'-四甲基对苯二胺盐酸盐 1.0g，蒸馏水 100mL。

② 制法。少量新鲜配制，于冰箱内避光保存，在 7d 之内使用。

③ 实验方法。用玻璃棒或一次性接种针挑取单个特征性菌落，涂布在氧化酶试剂湿润的滤纸平板上。如果滤纸在 10s 内未变为紫红色、紫色或深蓝色，则为氧化酶试验阴性，否则即为氧化酶试验阳性。注意实验中切勿使用镍/铬材料。

（7）L-赖氨酸脱羧酶培养基

① 成分。L-赖氨酸盐酸盐 5.0g，酵母膏 3.0g，葡萄糖 1.0g，溴甲酚紫 0.015g，蒸馏水 1000mL。

② 制法。将各成分加热溶解，必要时调节 pH 值至 6.8±0.2。每管分装 5mL，121℃高压灭菌 15min。

③ 实验方法。挑取培养物接种于 L-赖氨酸脱羧酶培养基，刚好在液体培养基的液面下。(30±1)℃培养（24±2)h，观察结果。L-赖氨酸脱羧酶试验阳性者，培养基呈紫色；阴性者为黄色；空白对照管为紫色。

（8）L-鸟氨酸脱羧酶培养基

① 成分。L-鸟氨酸盐酸盐 5.0g，酵母膏 3.0g，葡萄糖 1.0g，溴甲酚紫 0.015g，蒸馏水 1000mL。

② 制法。将各成分加热溶解，必要时调节 pH 值至 6.8±0.2。每管分装 5mL，121℃高压灭菌 15min。

③ 实验方法。挑取培养物接种于 L-鸟氨酸脱羧酶培养基，刚好在液体培养基的液面下。(30±1)℃培养（24±2)h，观察结果。L-鸟氨酸脱羧酶试验阳性者，培养基呈紫色；阴性者为黄色。

（9）L-精氨酸双水解酶培养基

① 成分。L-精氨酸盐酸盐 5.0g，酵母膏 3.0g，葡萄糖 1.0g，溴甲酚紫 0.015g，蒸馏水 1000mL。

② 制法。将各成分加热溶解，必要时调节 pH 值至 6.8±0.2。每管分装 5mL，121℃高压灭菌 15min。

③ 实验方法。挑取培养物接种于 L-精氨酸双水解酶培养基，刚好在液体培养基的液面下。(30±1)℃培养（24±2)h，观察结果。L-精氨酸双水解酶试验阳性者，培养基呈紫色；阴性者为黄色。

(10) 糖类发酵培养基

① 基础培养基

a. 成分：酪蛋白（酶消化）10.0g，氯化钠 5.0g，酚红 0.02g，蒸馏水 1000mL。

b. 制法：将各成分加热溶解，必要时调节 pH 值至 6.8±0.2。每管分装 5mL，121℃高压灭菌 15min。

② 糖类溶液（D-山梨醇、L-鼠李糖、D-蔗糖、D-蜜二糖、苦杏仁苷）

a. 成分：糖 8.0g，蒸馏水 100mL。

b. 制法：分别称取 D-山梨醇、L-鼠李糖、D-蔗糖、D-蜜二糖、苦杏仁苷等糖类成分各 8g，溶于 100mL 蒸馏水中，过滤除菌，制成 80mg/mL 的糖类溶液。

③ 完全培养基

a. 成分：基础培养基 875mL，糖类溶液 125mL。

b. 制法：无菌操作，将每种糖类溶液加入基础培养基，混匀。分装到无菌试管中，每管 10mL。

④ 实验方法。挑取培养物接种于各种糖类发酵培养基，刚好在液体培养基的液面下。(30±1)℃培养（24±2)h，观察结果。糖类发酵试验阳性者，培养基呈黄色；阴性者为红色。

(11) 西蒙氏柠檬酸盐培养基

① 成分。柠檬酸钠 2.0g，氯化钠 5.0g，磷酸氢二钾 1.0g，磷酸二氢铵 1.0g，硫酸镁 0.2g，溴麝香草酚蓝 0.08g，琼脂 8.0～18.0g，蒸馏水 1000mL。

② 制法。将各成分加热溶解，必要时调节 pH 值至 6.8±0.2。每管分装 10mL，121℃高压灭菌 15min，制成斜面。

③ 实验方法。挑取培养物接种于整个培养基斜面，(36±1)℃培养（24±2)h，观察结果。试验阳性者，培养基变为蓝色。

【操作步骤】

注意：克罗诺杆菌属细菌为致病菌，以下操作请在生物安全柜中进行。

(1) 样品的稀释

① 固体和半固体样品。无菌称取样品 100g、10g、1g 各三份，分别加入 900mL、90mL、9mL 已预热至 44℃ 的 BPW，轻轻振摇使其充分溶解，制成 1：10 样品匀液，置 (36±1)℃培养（18±2)h。分别移取 1mL 转种于 10mL mLST-Vm 肉汤，(44±0.5)℃培养（24±2)h。

② 液体样品。以无菌吸管分别吸取样品 100mL、10mL、1mL 各三份，分别加入 900mL、90mL、9mL 已预热至 44℃ 的 BPW，轻轻振摇使其充分混匀，制成 1：10 样品匀液，置 (36±1)℃培养（18±2)h。分别移取 1mL 转种于 10mL mLST-Vm 肉汤，(44±0.5)℃培养（24±2)h。

(2) 分离、鉴定 具体内容见任务 1 和任务 2。

 畜产品检测技术

【结果与报告】

综合菌落形态、生化特征，根据证实为克罗诺杆菌属细菌的阳性管数，查 MPN 检索表，报告每 100g（mL）样品中克罗诺杆菌属的 MPN 值（见表 1-23）。

表 1-23 克罗诺杆菌属的 MPN 检索表

阳性管数			MPN	95%可信限		阳性管数			MPN	95%可信限	
100	10	1		下限	上限	100	10	1		下限	上限
0	0	0	<0.3	—	0.95	2	2	0	2.1	0.45	4.2
0	0	1	0.3	0.015	0.96	2	2	1	2.8	0.87	9.4
0	1	0	0.3	0.015	1.1	2	2	2	3.5	0.87	9.4
0	1	1	0.61	0.12	1.8	2	3	0	2.9	0.87	9.4
0	2	0	0.62	0.12	1.8	2	3	1	3.6	0.87	9.4
0	3	0	0.94	0.36	3.8	3	0	0	2.3	0.46	9.4
1	0	0	0.36	0.017	1.8	3	0	1	3.8	0.87	11
1	0	1	0.72	0.13	1.8	3	0	2	6.4	1.7	18
1	0	2	1.1	0.36	3.8	3	1	0	4.3	0.9	18
1	1	0	0.74	0.13	2	3	1	1	7.5	1.7	20
1	1	1	1.1	0.36	3.8	3	1	2	12	3.7	42
1	2	0	1.1	0.36	4.2	3	1	3	16	4	42
1	2	1	1.5	0.45	4.2	3	2	0	9.3	1.8	42
1	3	0	1.6	0.45	4.2	3	2	1	15	3.7	42
2	0	0	0.92	0.14	3.8	3	2	2	21	4	43
2	0	1	1.4	0.36	4.2	3	2	3	29	9	100
2	0	2	2	0.45	4.2	3	3	0	24	4.2	100
2	1	0	1.5	0.37	4.2	3	3	1	46	9	200
2	1	1	2	0.45	4.2	3	3	2	110	18	410
2	1	2	2.7	0.87	9.4	3	3	3	>110	42	—

注：1. 本表采用 3 个检样量 [100g(mL)、10g(mL) 和 1g(mL)]，每个检样量接种 3 管。

2. 表内所列检样量如改用 1000g(mL)、100g(mL) 和 10g(mL) 时，表内数字应相应降低 10 倍；如改用 10g(mL)、1g(mL) 和 0.1g(mL) 时，则表内数字应相应升高 10 倍，其余类推。

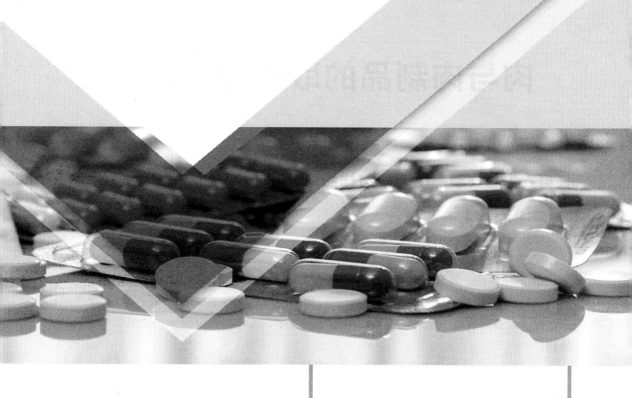

检测 工作二

肉与肉制品检测

项目一

肉与肉制品的取样与样品处理

任务　肉与肉制品的取样与样品处理

【材料及仪器】

(1) 材料

① 生鲜肉。生肉及脏器、禽类。

② 熟肉制品。如酱卤肉、肴肉、灌肠、熏烤肉、肉松等。

(2) 仪器　直接接触样品的容器材料应防水、防油。容器应满足取样量和样品形状的要求。取样设备应清洁、干燥，不得影响样品的气味、风味和成分组成。使用玻璃器皿要防止破损。

① 容器。采样箱，灭菌塑料袋，具盖搪瓷盘，灭菌具塞广口瓶。

② 辅助工具。灭菌刀，灭菌剪子，灭菌镊子，灭菌棉签。

③ 温度计。

【操作步骤】

取样人员应经过技术培训，具有独立工作的能力，应防止样品污染。

(1) 一般原则

① 所取样品应尽可能有代表性。

② 应抽取同一批次同一规格的产品。

③ 取样量应满足分析的要求，不得少于分析取样、复验和留样备查的总量。

(2) 样品的取样

① 鲜肉的取样。从 3~5 片胴体或同规格的分割肉上取若干小块混为一份样品。每份样品为 500~1500g。

② 冻肉的取样

a. 成堆产品：在堆放空间的四角和中间设采样点，每点从上、中、下三层取若干小块混为一份样品。每份样品为 500~1500g。

b. 包装冻肉：随机取 3~5 包混合，总量不得少于 1000g。

③ 肉制品的取样

a. 每件 500g 以上的产品：随机从 3~5 件上取若干小块混合，共 500~1500g。

b. 每件 500g 以下的产品：随机取 3~5 件混合，总量不得少于 1000g。

④ 小块碎肉。从堆放平面的四角和中间取样混合，共 500~1500g。

⑤ 禽类

a. 鲜冻家禽：采取整只，放入灭菌容器内。

b. 带毛野禽：整只可直接放入清洁容器内。

⑥ 熟肉制品

a. 一般熟肉制品：如酱卤肉、肴肉、灌肠、熏烤肉、肉松等，采取 250g。

b. 香肠、香肚等灌肠类：采取整根、整只，小型产品可采取数根、数只，其总量不少于 250g。

c. 熟禽：采取整只，放入灭菌容器内。

（3）样品的包装和标识

① 样品的包装。装样品的容器应由取样人员封口并贴上封条。

② 样品的标识。取样人员将样品送到实验室前须贴上标签。

标签应至少标注以下信息：

a. 取样人员和取样单位名称；

b. 取样地点和日期；

c. 样品的名称、等级和规格；

d. 样品特性；

e. 样品的商品代码和批号。

（4）样品的运输和贮存　取样后尽快将样品送至实验室。运输过程中须保证样品完好加封且样品没受损或发生变化。样品到实验室后应尽快分析处理，易腐易变质样品应置冰箱或特殊条件下贮存，保证不影响分析结果。

（5）取样报告　取样人员取样时应填写取样报告，内容包括：

① 实验室样品标签所要求的信息；

② 被取样单位名称和负责人姓名；

③ 生产日期；

④ 产品数量；

⑤ 取样数量；

⑥ 取样方法；

⑦ 可能的情况下，还应包括取样目的、会对样品造成影响的气温和空气湿度等包装环境和运输环境，及其他相关事宜。

（6）检样的处理

① 理化检验样品的处理。肉类及其加工品，将生鲜肉去其骨、皮后，切成适当的小块用绞肉机绞碎，也可用研钵研碎，必要时用匀浆机匀浆。火腿、腊肠、腊肉等及其含有这些肉类的加工品，大多数样品的大多数检验项目不能用检样直接测定，必须经过一定处理，制成可测定的形态，通常叫样品溶液的制备。在制备样品溶液时，要求制备过程中不得引入待测组分和干扰测定的组分，也不得使待测组分丢失。所用的试剂、器材、反应产物等均不得对以后检验带来不良影响。

② 微生物学检验样品的处理

a. 生肉及脏器：先将检样进行表面消毒，即沸水烫 3～5s 或烧灼消毒。再用无菌剪子剪取深层肌肉 25g。

b. 鲜、冻家禽：先将检样进行表面消毒，用灭菌剪子或刀去皮后剪取肌肉 25g。

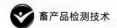

c. 香肠、香肚等灌肠类：先对灌肠表面进行消毒，用灭菌剪子剪取内容物 25g。

d. 各类熟肉制品：无菌称取 25g。

将称取的 25g 检样放入灭菌研钵内用灭菌剪子剪碎后，加灭菌海砂或玻璃砂研磨，磨碎后加入灭菌水 225mL，混匀后即为 1∶10 均匀稀释液。

(7) 样品的送检　所有采取的样品，均应立即送检。如条件不许可，最好不超过 3h，并应注意冷藏，样品中不得加入任何防腐剂。检样送到化验室应立即检验或放置于冰箱暂存。

项目二
肉与肉制品的感官评定

知识点 感官评定的原理和基本要求

1. 原理

感官评定就是利用人体自身的感觉器官，包括眼、鼻、口（包括唇和舌）和手等对食品的品质进行评价。

2. 感官评定条件要求

（1）感官评定实验室要求 感官评定实验室的建立应符合 GB/T 13868—2009 的规定。感官评定实验室的用水应为双蒸水、去离子水或经过过滤处理除去异味的水。

（2）感官评定人员的要求

① 感官评定人员应经体格检查合格，其视觉、嗅觉、味觉以及触觉等符合感官评定要求，且在文化、种族、宗教及其他方面对所评定的肉与肉制品没有禁忌。

② 感官评定人员应经过专门培训与考核，取得职业资格证书，符合感官分析要求，熟悉评定样品色、香、味、质地、类型、风格、特征及检测所需要的方法，掌握有关的感官评定术语。

③ 在感官评定的当天，评定人员不得使用有气味的化妆品，不得吸烟，患病人员不得参加。

④ 感官评定时，感官评定人员应穿着清洁、无异味的工作服。

⑤ 感官评定不应在评定人员饥饿、疲劳、饮酒后的情况下进行。

⑥ 感官评定人员应在评定开始前 1h 漱口、刷牙，并在此后至检测开始前，除了饮水，不吃任何东西。

⑦ 每个品种感官评定时应先用优质干红葡萄酒漱口，后用清茶漱口，再用清水漱口。

⑧ 在感官评定的过程中，评定人员应独自打分，禁止相互交换意见。

3. 感官评定样品的要求

（1）感官评定样品的要求

① 供感官评定的样品，样品的处理方法及程序应完全一致。

② 在品评过程中应给每个评定人员相同体积、质量、形状、部位的样品评定，提供样品的量应根据样品本身的情况，以及感官评定时研究的特性来定。

③ 供感官评定人员品评的样品温度适宜，并且分发到每个品评人员手中的样品温度一致。

④ 供评定的样品应采用随机的三位数编码，避免使用喜爱、忌讳或容易记忆的数字。

⑤ 评定中盛装样品的容器应采用同一规格、相同颜色的无味容器。

（2）样品采集及运输

① 样品采集时，不得破坏样品的感官品质，需要包装的样品应采用食品级聚乙烯薄膜及时包装。

② 运输工具应清洁、卫生，使用前应进行清洗、消毒。样品不得与有异味、有毒、有害的物品混装运输。

③ 样品运输途中应防止产品变质。

④ 样品送达感官分析实验室后，不能立即进行评定的样品应以恰当的方式及时贮藏。

⑤ 热鲜肉、冷却肉应在样品到达的当天立即进行评定。

（3）样品的制备

① 冷冻状态样品的制备要求。冷冻状态的样品应先在冻结状态下进行检查，然后采用室温自然解冻方式进行解冻，待样品中心温度达到 2～3℃时制样。

② 需加热样品的制备要求。需加热样品在制备时应先经实验确定样品的加热时间及条件。样品制备中采用的不同加热方式应按下列要求进行：

a. 烤：将样品用铝箔包好，平放于平底煎锅中，将样品加热至中心温度 65～70℃。

b. 蒸：将样品用铝箔包好，放入蒸锅中，将样品加热至中心温度 65～70℃。

c. 隔水煮：将样品密封入耐热、不透水的薄膜袋中，于沸水中将样品加热至中心温度 65～70℃。

d. 微波加热：将样品放入适合微波加热、无异味的容器中，用微波将样品加热至中心温度 65～70℃。

任务　肉与肉制品感官质量评定

【材料及仪器】

（1）材料

① 生鲜肉。生肉及脏器、禽类。

② 熟肉制品。如酱卤肉、肴肉、灌肠、熏烤肉、肉松等。

（2）仪器

① 容器。采样箱、灭菌塑料袋、具盖搪瓷盘、灭菌具塞广口瓶。

② 辅助工具。灭菌刀、剪子、镊子、灭菌棉签、温度计等。

【热鲜肉的感官检验】

（1）鲜肉的颜色　在自然光线下观察，注意肉的外部状态，并确定肉深层组织的状态及发黏的程度。

① 新鲜肉。外表覆有一层淡玫瑰色或淡红色干膜，触摸时发沙沙声，新切开的表面轻度湿润，但不发黏，具有各种牲畜肉特有的色泽，肉汁透明。

② 开始腐败肉。外表干硬，皮呈暗红色，切面暗而湿润，轻度发黏，肉汁浑浊。

③ 变质肉。表面呈灰色或灰绿色，新切面呈暗色、浅灰绿色或黑色，触摸很湿、发黏。

另外，从肉及皮肤可判断以下异常肉：

① DFD 肉。DFD 肉（dark firm dry meat）的特征为肌肉颜色呈暗红，质地硬实，切面干燥。牛肉和猪肉均有这种变化，病变最常见于股部肌肉和臀部肌肉。DFD 肉的发生是由

于动物屠宰前长时间处于紧张状态，使肌肉中糖原大量消耗，肉成熟时产生的乳酸少，屠宰后肌肉的 pH 相应偏高（高于 6.1），肌肉蛋白保留了大部分电荷和结合水，肌纤维膨胀，对光反射而呈现暗红色。DFD 肉由于 pH 较高，吸水性较强，在腌制加工和熟肉制品加工中水分损失较少，食盐渗透受到限制，加工性能差，腌肉色深，风味不良，因此 DFD 肉及其加工制品容易腐败变质，影响肉制品的保藏。

② PSE 肉。白肌肉（pale soft exudative pork）仅见于猪。特征是肌肉苍白，质地松软，保水性差，肌肉切面有较多液体渗出。由于肌肉颜色淡，常被误认为是肌肉变性，故易与白肌病猪肉相混淆，与白肌病的不同之处是肌纤维没有变性、坏死变化。白肌肉的发生主要是由于猪屠宰前受到紧张刺激（如运输拥挤以及捆绑、热、电等刺激，饥饿），肾上腺素分泌增加，肌肉强直，机体缺氧，宰后肌肉糖原酵解加快，引起乳酸和正磷酸的积聚，导致 pH 很快下降。屠体在烫池中浸烫时间长或延迟开膛的胴体，也可见到此种变化。白肌肉味道不佳，品质差，不宜制作腌腊制品。

③ 猪瘟和猪丹毒。猪瘟病猪皮肤的红色斑点为出血，按压不消退；猪丹毒病猪皮肤上的不规则红色斑块为充血变化，按压可消退。

④ 囊尾蚴病。囊尾蚴多寄生于肩胛外侧肌、臀肌、咬肌、深腰肌、心肌、颈肌、膈肌、股内侧肌等部位，有时也见于大脑，较少见于实质器官。严重感染时，肥膘内的肌肉间层，甚至淋巴结和蹄部筋膜处也可见囊尾蚴。肌肉中的囊尾蚴呈米粒至豌豆大小、白色半透明的囊泡状，囊内充满无色透明液体，囊壁上有一个屈曲内陷的圆形小米粒大的头节。故这种猪肉俗称"米猪肉"或"豆猪肉"。显微镜观察可见头节上有 4 个吸盘和一圈小钩（图 2-1）。

(a) 牛肉囊尾蚴(放大5倍)　　　　(b) 猪肉囊尾蚴(放大5倍)

图 2-1　囊尾蚴形态

（2）鲜肉的气味　检验时，首先判定肉的外部气味，然后用灭菌刀剖开，立即判定肉深部的气味，应特别注意骨骼周围肌层的气味，因为这些部位较早地进入腐败。气味的判定宜在 15～20℃ 的温度下进行，因为在较低的温度下，气味不易挥发，判定有一定困难。在检查大批肉样时，应首先检查腐败程度较轻的肉样。

新鲜肉气味良好，具有各种畜肉的固有气味；开始腐败的肉发出微酸气味，或微有腐败气味，有时外面腐败，深部尚无腐败气味；变质肉深部也有显著的腐败气味。

值得注意的是性气味，家畜的性别可影响肉的气味和滋味。未阉割和晚阉割公畜（特别是公山羊）的肉和脂肪，常发出一种难闻的性气味。在公山羊，令人厌恶的性气味主要来自皮肤。若将毛皮小心剥除，肉中性气味会减轻。屠宰牲畜（特别是猪）性气味最显著的部位是颌下腺和腮腺，因此当气味不明显时，必须切开这些腺体检查。

（3）鲜肉的嫩度　嫩度的意义为肉在咀嚼时对碎裂之抵抗力，常指煮熟肉的品质柔软、多汁和易被嚼烂，在口腔的感觉上可包含三个方面：①开始时牙齿咬入肉内是否容易；②肉是否易裂成碎片；③咀嚼后剩渣的分量。

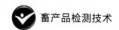

（4）鲜肉的弹性　检验时用手指压肉表面，观察指压凹复平的速度。新鲜肉富有弹性，结实紧密，指压凹很快复平；次鲜肉弹性较差，指压凹慢慢复平（在1min之内）；变质肉指压凹往往不复平。

（5）煮沸后的肉汤检查　称取20g切碎的样品，置于200mL烧杯中，加100mL水，用表面皿盖上，加热至50～60℃，开盖检查气味，继续加热煮沸20～30min，检查肉汤的气味、滋味和透明度，以及脂肪的气味和滋味。

新鲜肉的肉汤透明，芳香，具有令人愉快的气味；脂肪有适口的气味和滋味，大量集中于汤表面上。次鲜肉的肉汤浑浊，无香味，常有酸败气味；肉汤表面油滴小，有油哈喇味。变质肉的肉汤极浑浊，汤内浮有絮片或碎片，有显著的酸败或腐败臭味；肉汤表面几乎无油滴，具有酸败脂肪气味。各种原料肉的感官检验特征如表2-1所示。

表2-1　各种原料肉的感官检验特征

原料肉	感官检验特征
牛肉	色泽：肌肉有光泽，色鲜红或深红，纤维较粗，肌肉间杂有脂肪。脂肪呈乳白色或淡黄色，质地坚硬，搓揉时易散碎，不细腻。黏度：外表微干或有风干膜，不粘手。组织状态：组织硬而有弹性，指压后的凹陷可恢复。气味：具有鲜牛肉正常气味。煮沸后肉汤：澄清透明，脂肪团聚于表面，具有特有香味。肉眼可见物：不得带伤斑、血瘀、血污、碎骨、病变组织、淋巴结、脓包、浮毛或其他杂质
猪肉	色泽：肌肉呈鲜红或暗红色，有光泽，肌纤维细致柔软，肌肉间杂有丰富脂肪。脂肪呈纯白色，搓揉时易碎散，不细腻。组织状态：肉质紧密，有坚实感。气味：具有猪肉固有的气味，无异味
绵羊肉	色泽：呈淡红色或暗红色，有光泽，肌间脂肪少。脂肪呈纯白色，质地硬而脆，搓揉时易碎散，不细腻。组织状态：肌纤维细嫩、坚实有弹性，指压后凹陷立即恢复。黏度：外表微干或有风干膜，不粘手。气味：具有鲜羊肉正常气味，无异味。煮沸后肉汤：澄清透明，脂肪团聚于表面，具有特有香味。肉眼可见杂质不得检出
山羊肉	色泽：呈暗红色，比绵羊肉深，质地结实，纤维较绵羊肉粗，肌间脂肪少。脂肪呈白色，质地硬而脆，搓揉时易碎散，不细腻。组织状态：肌纤维细嫩、坚实有弹性，指压后凹陷立即恢复。黏度：外表微干或有风干膜，不粘手。气味：具有鲜羊肉正常气味，无异味。煮沸后肉汤：澄清透明，脂肪团聚于表面，具有特有香味。肉眼可见杂质不得检出
兔肉	色泽：色灰白或淡红，肌间脂肪少。脂肪呈白色或微黄色。组织状态：肉质柔软，指压后凹陷立即恢复。气味：具有一种特殊清淡风味，无异味。煮沸后肉汤：澄清透明，脂肪团聚于表面，具有特有香味。肉眼可见异物不得检出
禽肉	色泽：表皮和肌肉切面有光泽，具有禽类品种应有的色泽。组织状态：肌肉富有弹性，指压后凹陷立刻恢复。气味：具有禽类品种应有的气味，无异味。煮沸后肉汤：澄清透明，脂肪团聚于表面，具有禽类品种应有香味。异物不得检出

【肉制品的感官评定】

（1）腌腊肉制品　咸肉类、腊肉类、风干肉类、生培根类、生香肠类、中国腊肠类和中国火腿类腌腊肉制品按GB 2730—2015评定产品有无黏液、有无霉斑、有无异味、有无酸败味，并做好记录。咸肉类感官等按SB/T 10294—2012要求评定分级。中式香肠按GB/T 23493—2009、宣威火腿按GB/T 18357—2008、金华火腿按GB/T 19088—2008的要求，进行综合评定或评分。

　　① 腌猪肉　见表2-2。

　　② 腌腊肉　见表2-3。

　　③ 中式香肠　见表2-4。

　　④ 金华火腿　见表2-5。

表 2-2　腌猪肉感官要求

项目	要求	
	一级品	二级品
外观	整体无黏性	稍湿润,可略带黏性
色泽	瘦肉切面呈红色或深红色,脂肪切面呈白色或微红色,有光泽	瘦肉切面呈暗红色或咖啡色,脂肪切面呈微黄色,略有光泽
组织状态	质地紧密,略有弹性,切面平整,层次分明	质地稍软,切面较平整
气味	具有腌猪肉应有的气味,不得有酸味、苦味	尚有腌猪肉应有的气味
杂质	无正常视力可见外来杂质	无正常视力可见外来杂质

表 2-3　腌腊肉感官要求

项目	要求	检验方法
色泽	具有产品应有色泽,无黏液,无霉点	取适量试样置于白瓷盘中,在自然光下观察色泽和组织状态,闻其气味
气味	具有产品应有的气味,无异味,无酸败味	
组织状态	具有产品应有的组织状态,无正常视力可见外来异物	

表 2-4　中式香肠感官要求

项目	要求
色泽	瘦肉呈红色、枣红色,脂肪呈乳白色,外表有光泽
香气	腊香味纯正浓郁,具有中式香肠(腊肠)固有的风味
滋味	滋味鲜美,咸甜适中
组织状态	外形完整、均匀,表面干爽呈现收缩后的自然皱纹

表 2-5　金华火腿感官要求

项目	要求		
	特级	一级	二级
香气	三签香	三签香	二签香,一签无异味
外观	腿心饱满,皮薄脚小,白蹄无毛,无红斑,无损伤,无虫蛀、鼠伤,无裂缝,小蹄至髋关节长度40cm以上,刀工光洁,皮面平整,印鉴标记明晰	腿心较饱满,皮薄脚小,无毛,无虫蛀、鼠伤,轻微红斑,轻微损伤,轻微裂缝,刀工光洁,皮面平整,印鉴标记明晰	腿心稍薄,但不露股骨头,腿脚稍粗,无毛,无虫蛀、鼠伤,刀工光洁,稍有红斑,稍有损伤,稍有裂缝,印鉴标记明晰
色泽	皮色黄亮,肉面光滑油润,肌肉切面呈深玫瑰色,脂肪切面呈白色或微红色,有光泽,蹄壳呈灰白色		
组织状态	皮与肉不脱离,肌肉干燥致密,肉质细嫩,切面平整,有光泽		
滋味	咸淡适中,口感鲜美,回味悠长		
爪弯	蹄壳表面与脚骨直线的延长线呈直角或锐角		蹄壳表面与脚骨直线的延长线呈直角或略大于直角

（2）熟肉制品　白煮肉类、酱卤肉类、肉松类、肉干类、油炸肉类、肉糕类、肉冻类、肉丸类等熟肉制品按 GB 2726—2016 评定产品有无异味、有无酸败味、有无异物、熟肉干制品中有无焦斑和霉斑,并做好记录。肉松按 GB/T 23968—2009、肉干按 GB/T 23969—

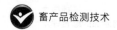

2009 要求，进行综合评定或评分（见表 2-6～表 2-8）。

表 2-6　熟肉制品感官要求

项目	要求	检验方法
色泽	具有产品应有的色泽	取适量试样置于洁净的白色盘（瓷盘或同类容器）中，在自然光下观察色泽和组织状态。闻其气味，用温开水漱口，品其滋味
滋味与气味	具有产品应有的滋味和气味，无异味，无异臭	
组织状态	具有产品应有的组织状态，无正常视力可见外来异物，无焦斑和霉斑	

表 2-7　肉松制品感官要求

项目	要求	
	肉松	油酥肉松
形态	呈絮状，纤维柔软蓬松，允许有少量结头，无焦头	呈疏松颗粒状或短纤维状，无焦头
色泽	呈浅黄色或金黄色，色泽基本均匀	呈棕褐色或黄褐色，色泽基本均匀，稍有光泽
滋味与气味	味鲜美，甜咸适中，具有肉松固有的香味，无其他不良气味	具有酥、香特色，味鲜美，甜咸适中，油而不腻，具有油酥肉松固有的香味，无其他不良气味
杂质	无肉眼可见杂质	

表 2-8　肉干制品感官要求

项目	要求	
	肉干	肉糜干
形态	呈片、条、粒状，同一品种大小基本均匀，表面可带有细小纤维或香辛料	呈片、粒状或其他规则形状，同一品种大小基本均匀
色泽	呈棕黄色、褐色或黄褐色，色泽基本均匀	呈棕黄色、褐色或黄褐色，色泽基本均匀
滋味与气味	具有该品种特有的香气和滋味，甜咸适中	
杂质	无肉眼可见杂质	

（3）熏烤制品　熏烤肉类、烧烤肉类、肉脯类、熟培根类等熟肉制品按 GB 2726—2016（见表 2-6）评定产品有无异味、有无酸败味、有无异物、熟肉干制品中有无焦斑和霉斑，并做好记录。肉脯类按 GB/T 31406—2015 要求（表 2-9），进行综合评定或评分。

表 2-9　肉脯制品感官要求

项目	要求	
	肉脯	肉糜脯
形态	片型规则整齐，厚薄基本均匀，可见肌纹，无焦片、生片	片型规则整齐，厚薄均匀，允许有少量脂肪析出及微小空洞，无焦片、生片
色泽	呈棕红、深红、暗红色，色泽均匀，油润有光泽	
滋味与气味	滋味鲜美、醇厚、咸甜适中，香味纯正，具有该产品特有风味	
杂质	无正常视力可见杂质	

（4）熏煮香肠火腿类　熏煮香肠火腿类制品按 GB 2726—2016 评定产品有无异味、有

无酸败味、有无异物、熟肉干制品中有无焦斑和霉斑，并做好记录。熏煮香肠按 SB/T 10279—2017、火腿肠按 GB/T 20712—2006、熏煮火腿按 GB/T 20711—2006 的要求，进行综合评定或评分（见表 2-10～表 2-12）。

表 2-10　熏煮香肠感官要求

项目	要求
外观	肠体均匀,不破损
色泽	具有产品固有颜色,有光泽
组织状态	组织致密,切片性能好,有弹性,无密集气孔
风味	滋味鲜美,有产品应有风味,无异味
杂质	无正常视力可见杂质

表 2-11　火腿肠感官要求

项目	要求
外观	肠体均匀饱满,无损伤,表面干净、完好,结扎牢固,密封良好,肠衣的结扎部位无内容物渗漏
色泽	具有产品固有色泽
组织状态	组织致密,有弹性,切片良好,无软骨及其他杂质,无密集气孔
风味	咸淡适中,鲜香可口,具固有风味,无异味

表 2-12　熏煮火腿感官要求

项目	要求
色泽	切片呈自然粉红色或玫瑰红色,有光泽
组织状态	组织致密,有弹性,切片完整,切面无密集气孔且没有直径大于 3mm 的气孔,无汁液渗出,无异物
风味	咸淡适中,滋味鲜美,具固有风味,无异味

【观察与思考】

对检验样品进行综合评定并根据评定对结果进行分析。

项目三

挥发性盐基氮的检测

知识点 1　挥发性盐基氮检测意义

挥发性盐基氮是动物性食品由于酶和细菌的作用，在腐败过程中，使蛋白质分解而产生氨以及胺类等碱性含氮物质。挥发性盐基氮是肉制品新鲜度的主要卫生评价指标。

知识点 2　挥发性盐基氮检测的方法和原理

1. 自动凯氏定氮仪法

挥发性盐基氮具有挥发性，在碱性溶液中蒸出后，利用硼酸溶液吸收，然后用标准酸溶液滴定计算挥发性盐基氮含量。

2. 微量扩散法

挥发性含氮物质可在 37℃ 碱性溶液中释出，挥发后吸收于吸收液中，用标准酸溶液滴定，根据消耗的标准酸溶液量计算挥发性盐基氮含量。

任务 1　自动凯氏定氮仪法检测挥发性盐基氮

【试剂和材料】

（1）试剂　除非另有说明，本方法所用试剂均为分析纯，水为 GB/T 6682—2008 规定的三级水。

① 氧化镁（MgO）。

② 硼酸（H_3BO_3）。

③ 盐酸（HCl）或硫酸（H_2SO_4）。

④ 甲基红指示剂（$C_{15}H_{15}N_3O_2$）。

⑤ 溴甲酚绿指示剂（$C_{21}H_{14}Br_4O_5S$）。

⑥ 95% 乙醇（C_2H_5OH）。

（2）试剂配制

① 硼酸溶液（20g/L）：称取 20g 硼酸，加水溶解后并稀释至 1000mL。

② 盐酸标准滴定溶液（0.1000mol/L）或硫酸标准滴定溶液（0.1000mol/L）：按照 GB/T 601—2016 制备。

③ 盐酸标准滴定溶液（0.0100mol/L）或硫酸标准滴定溶液（0.0100mol/L）：临用前

以盐酸标准滴定溶液（0.1000mol/L）或硫酸标准滴定溶液（0.1000mol/L）配制。

④ 甲基红乙醇溶液（1g/L）：称取 0.1g 甲基红，溶于 95％乙醇，用 95％乙醇稀释至 100mL。

⑤ 溴甲酚绿乙醇溶液（1g/L）：称取 0.1g 溴甲酚绿，溶于 95％乙醇，用 95％乙醇稀释至 100mL。

⑥ 混合指示剂：1 份甲基红乙醇溶液与 5 份溴甲酚绿乙醇溶液临用时混合。

(3) 材料 被检样品。

【仪器和设备】

① 天平：感量为 1mg。

② 搅拌机。

③ 自动凯氏定氮仪。

④ 蒸馏管：500mL 或 750mL。

⑤ 吸量管：10.0mL。

【分析步骤】

(1) 仪器设定

① 标准溶液使用盐酸标准滴定溶液（0.1000mol/L）或硫酸标准滴定溶液（0.1000mol/L）。

② 带自动添加试剂、自动排废功能的凯氏定氮仪，关闭自动排废、自动加碱和自动加水功能，设定加碱、加水体积为 0mL。

③ 将硼酸接收液加入设定为 30mL。

④ 蒸馏设定：设定蒸馏时间 180s 或蒸馏体积 200mL，以先到者为准。

⑤ 滴定终点设定：采用自动电位滴定方式判断终点的定氮仪，设定滴定终点 pH＝4.65。采用颜色方式判断终点的定氮仪，使用混合指示剂，30mL 的硼酸接收液滴加 10 滴混合指示剂。

(2) 试样处理 鲜（冻）肉去除皮、脂肪、骨、筋腱，取瘦肉部分；鲜（冻）海产品和水产品去除外壳、皮、头部、内脏、骨、刺，取可食部分，绞碎搅匀。制成品直接绞碎搅匀。肉糜、肉粉、肉松、鱼粉、鱼松、液体样品等均匀样品可直接使用。皮蛋（松花蛋）、咸蛋等腌制蛋去蛋壳、蛋膜，按蛋：水＝2：1 的比例加入水，用搅拌机绞碎搅匀成匀浆。皮蛋、咸蛋样品称取蛋匀浆 15g（计算含量时，蛋匀浆的质量乘以 2/3 即为试样质量），其他样品称取试样 10g（精确至 0.001g），液体样品吸取 10.0mL 于蒸馏管内，加入 75mL 水振摇，使试样在样液中分散均匀，浸渍 30min。

(3) 测定

① 按照仪器操作说明书的要求运行仪器，通过清洗、试运行，使仪器进入正常测试运行状态，先进行试剂空白测定，取得空白值。

② 在装有已处理试样的蒸馏管中加入 1g 氧化镁，立刻连接到蒸馏器上，按照仪器设定的条件和仪器操作说明书的要求开始测定。

③ 测定完毕后及时清洗和疏通加液管路和蒸馏系统。

【结果计算】

试样中挥发性盐基氮的含量按式(2.1)计算：

$$X = \frac{(V_1 - V_2)c \times 14}{m} \times 100 \tag{2.1}$$

式中　X——试样中挥发性盐基氮的含量，mg/100g 或 mg/100mL；

　　　V_1——试样消耗盐酸或硫酸标准滴定溶液的体积，mL；

　　　V_2——试剂空白消耗盐酸或硫酸标准滴定溶液的体积，mL；

　　　c——盐酸或硫酸标准滴定溶液的浓度，mol/L；

　　　14——滴定 1.0mL 盐酸 [$c(\mathrm{HCl}) = 1.000\mathrm{mol/L}$] 或硫酸 [$c(1/2\mathrm{H_2SO_4}) = 1.000\mathrm{mol/L}$] 标准滴定溶液相当的氮的质量，g/mol；

　　　m——试样质量或试样体积，g 或 mL；

　　　100——计算结果换算为 mg/100g 或 mg/100mL 的换算系数。

实验结果以重复性条件下获得的两次独立测定结果的算术平均值表示，结果保留三位有效数字。

【精密度】

在重复性条件下获得的两次独立测定结果的绝对差值不得超过算术平均值的 10％。

【检出限】

当称样量为 10.0g 时，检出限为 0.04mg/100g；当液体样品取样 10.0mL 时，检出限为 0.04mg/100mL。

任务 2　微量扩散法检测挥发性盐基氮

【试剂和材料】

(1) 试剂

① 硼酸 ($\mathrm{H_3BO_3}$)。

② 盐酸 (HCl) 或硫酸 ($\mathrm{H_2SO_4}$)。

③ 碳酸钾 ($\mathrm{K_2CO_3}$)。

④ 阿拉伯胶。

⑤ 甘油 ($\mathrm{C_3H_8O_3}$)。

⑥ 甲基红指示剂 ($\mathrm{C_{15}H_{15}N_3O_2}$)。

⑦ 溴甲酚绿指示剂 ($\mathrm{C_{21}H_{14}Br_4O_5S}$) 或亚甲基蓝指示剂 ($\mathrm{C_{16}H_{18}ClN_3S \cdot 3H_2O}$)。

⑧ 95％乙醇 ($\mathrm{C_2H_5OH}$)。

(2) 试剂配制

① 硼酸溶液 (20g/L)：同任务 1。

② 盐酸标准滴定溶液 (0.0100mol/L) 或硫酸标准滴定溶液 (0.0100mol/L)：同任务 1。

③ 饱和碳酸钾溶液：称取 50g 碳酸钾，加 50mL 水，微加热助溶，使用上清液。

④ 水溶性胶：称取 10g 阿拉伯胶，加 10mL 水，再加 5mL 甘油及 5g 碳酸钾，研匀。

⑤ 甲基红乙醇溶液 (1g/L)：同任务 1。

⑥ 溴甲酚绿乙醇溶液 (1g/L)：同任务 1。

⑦ 亚甲基蓝乙醇溶液 (1g/L)：称取 0.1g 亚甲基蓝，溶于 95％乙醇，用 95％乙醇稀释至 100mL。

⑧ 混合指示剂：同任务 1。

(3) 材料　被检样品。

【仪器和设备】

① 天平：感量为 1mg。

② 搅拌机。

③ 具塞锥形瓶：300mL。

④ 吸量管：1.0mL、10.0mL、25.0mL、50.0mL。

⑤ 扩散皿（标准型）：玻璃质，有内外室，带磨砂玻璃盖（图 2-2）。

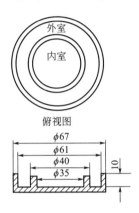

图 2-2　扩散皿示意图（单位：mm）

⑥ 恒温箱：（37±1）℃。

⑦ 微量滴定管：10mL，最小分度 0.01mL。

【分析步骤】

(1) 试样处理　鲜（冻）肉去除皮、脂肪、骨、筋腱，取瘦肉部分；鲜（冻）海产品和水产品去除外壳、皮、头部、内脏、骨、刺，取可食部分，绞碎搅匀。制成品直接绞碎搅匀。肉糜、肉粉、肉松、鱼粉、鱼松、液体样品可直接使用。皮蛋（松花蛋）、咸蛋等腌制蛋去蛋壳、蛋膜，按蛋∶水＝2∶1 的比例加入水，用搅拌机绞碎搅匀成匀浆。鲜（冻）样品称取试样 20g，肉粉、肉松、鱼粉、鱼松等干制品称取试样 10g，皮蛋、咸蛋样品称取蛋匀浆 15g（计算含量时，蛋匀浆的质量乘以 2/3 即为试样质量）（精确至 0.001g）。液体样品吸取 10.0mL 或 25.0mL，置于具塞锥形瓶中，准确加入 100.0mL 水，不时振摇，使试样在样液中分散均匀，浸渍 30min 后过滤，滤液应及时使用，不能及时使用的滤液置冰箱内于 0~4℃冷藏备用。

(2) 测定　将水溶性胶涂于扩散皿的边缘，在皿内室加入硼酸溶液 1mL 及 1 滴混合指示剂。在皿外室准确加入滤液 1.0mL，盖上磨砂玻璃盖，磨砂玻璃盖的凹口开口处与扩散皿边缘仅留能插入移液器枪头或滴管的缝隙，透过磨砂玻璃盖观察水溶性胶密封是否严密，如有密封不严处，需重新涂抹水溶性胶。然后从缝隙处快速加入 1mL 饱和碳酸钾溶液，立刻平推磨砂玻璃盖，将扩散皿盖严密，于桌子上以圆周运动方式轻轻转动，使样液和饱和碳酸钾溶液充分混合，然后于（37±1）℃恒温箱内放置 2h，放凉至室温，揭去盖，用盐酸或硫酸标准滴定溶液（0.0100mol/L）滴定。使用 1 份甲基红乙醇溶液与 5 份溴甲酚绿乙醇溶液混合指示剂，终点颜色至紫红色。使用 2 份甲基红乙醇溶液与 1 份亚甲基蓝乙醇溶液混合指示剂，终点颜色至蓝紫色。同时做空白试剂。

(3) 注意事项　注意控制滴定终点，勿过量。扩散皿洗涤时先经皂液煮洗后再经稀酸液

中和处理，然后用蒸馏水冲洗，烘干后才能使用。

【结果计算】

$$X = \frac{(V_1 - V_2)c \times 14}{m \times \dfrac{V}{V_0}} \times 100 \tag{2.2}$$

式中　X——试样中挥发性盐基氮的含量，mg/100g 或 mg/100mL；

　　　V_1——试样消耗盐酸或硫酸标准滴定溶液的体积，mL；

　　　V_2——试剂空白消耗盐酸或硫酸标准滴定溶液的体积，mL；

　　　c——盐酸或硫酸标准滴定溶液的浓度，mol/L；

　　　14——滴定 1.0mL 盐酸 $[c(\mathrm{HCl}) = 1.000\mathrm{mol/L}]$ 或硫酸 $[c(1/2\mathrm{H_2SO_4}) = 1.000\mathrm{mol/}$ L] 标准滴定溶液相当的氮的质量，g/mol；

　　　m——试样质量或试样体积，g 或 mL；

　　　V——准确吸取的滤液体积，mL，本方法中 $V = 1\mathrm{mL}$；

　　　V_0——样液总体积，mL，本方法中 $V_0 = 100\mathrm{mL}$；

　　　100——计算结果换算为 mg/100g 或 mg/100mL 的换算系数。

实验结果以重复性条件下获得的两次独立测定结果的算术平均值表示，结果保留三位有效数字。

【精密度】

在重复性条件下获得的两次独立测定结果的绝对差值不得超过算术平均值的 10%。

【检出限】

当称样量为 20.0g 时，检出限为 1.75mg/100g；当称样量为 10.0g 时，检出限为 3.50mg/100g；当液体样品取样 25.0mL 时，检出限为 1.40mg/100mL；当液体样品取样 10.0mL 时，检出限为 3.50mg/100mL。

项目四

肉制品中氯化物的测定

知识点 1 食品中氯化物检测方法和适用范围

食品中氯化物含量的检测方法有电位滴定法、佛尔哈德法（间接沉淀滴定法）、银量法（莫尔法或直接滴定法）等测定方法。电位滴定法适用于各类食品中氯化物的测定。佛尔哈德法（间接沉淀滴定法）和银量法（莫尔法或直接滴定法）不适用于深颜色食品中氯化物的测定。

知识点 2 食品中氯化物检测的原理

1. 电位滴定法

试样经酸化处理后，加入丙酮，以玻璃电极为参比电极、银电极为指示电极，用硝酸银标准滴定溶液滴定试样中的氯化物。根据电位的"突跃"，确定滴定终点。根据硝酸银标准滴定溶液的消耗量，计算食品中氯化物的含量。

2. 佛尔哈德法

样品经水或热水溶解、沉淀蛋白质、酸化处理后，加入过量的硝酸银溶液，以硫酸铁铵为指示剂，用硫氰酸钾标准滴定溶液滴定过量的硝酸银。根据硫氰酸钾标准滴定溶液的消耗量，计算食品中氯化物的含量。

3. 银量法

样品经处理后，以铬酸钾为指示剂，用硝酸银标准滴定溶液滴定试样中的氯化物。根据硝酸银标准滴定溶液的消耗量，计算食品中氯化物的含量。

任务 1 电位滴定法检测肉制品中氯化物

【试剂和材料】
除非另有说明，本方法所用试剂均为分析纯，水为 GB/T 6682—2008 规定的三级水。
（1）试剂
① 亚铁氰化钾 $[K_4Fe(CN)_6 \cdot 3H_2O]$。
② 乙酸锌 $[Zn(CH_3CO_2)_2]$。
③ 硝酸银 $(AgNO_3)$。
④ 冰乙酸 (CH_3COOH)。

⑤ 硝酸（HNO_3）。

⑥ 丙酮（CH_3COCH_3）。

（2）标准品 基准氯化钠（NaCl），纯度≥99.8%。

（3）试剂配制

① 沉淀剂 I。称取 106g 亚铁氰化钾，加水溶解并定容到 1L，混匀。

② 沉淀剂 II。称取 220g 乙酸锌，溶于少量水中，加入 30mL 冰乙酸，加水定容到 1L，混匀。

③ 硝酸溶液（1:3）：将 1 体积的硝酸加入 3 体积水中，混匀。

（4）标准溶液配制及标定

① 氯化钠基准溶液（0.01000mol/L）。称取 0.5844g（精确至 0.1mg）经 500～600℃灼烧至恒重的基准试剂氯化钠于小烧杯中，用少量水溶解，转移到 1000mL 容量瓶中，稀释至刻度，摇匀。

② 硝酸银标准滴定溶液（0.02mol/L）。称取 3.40g 硝酸银（精确至 0.01g）于小烧杯中，用少量硝酸溶解，转移到 1000mL 棕色容量瓶中，用水定容至刻度，摇匀，避光贮存，或转移到棕色瓶中。或购买经国家认证并授予标准物质证书的硝酸银标准滴定溶液。

③ 标定（二级微商法）。吸取 10.00mL 0.01000mol/L 氯化钠基准溶液于 50mL 烧杯中，加入 0.2mL 硝酸溶液及 25mL 丙酮。将玻璃电极和银电极浸入溶液中，启动电磁搅拌器。从酸式滴定管滴入 V' mL 硝酸银标准滴定溶液（所需量的 90%），测量溶液的电位值（E）。继续滴入硝酸银标准滴定溶液，每滴入 1mL 立即测量溶液的电位值（E）。接近终点和终点后，每滴入 0.1mL，测量溶液的电位值（E）。继续滴入硝酸银标准滴定溶液，直至溶液电位值不再明显改变。记录每次滴入硝酸银标准滴定溶液的体积和电位值。

④ 滴定终点的确定。根据③的滴定记录，以硝酸银标准滴定溶液的体积（V'）和电位值（E），按表 2-13 示例，以列表方式计算 ΔE、ΔV、一级微商和二级微商。或用电位滴定仪自动滴定、记录硝酸银标准滴定溶液的体积和电位值。当一级微商最大、二级微商等于零时，即为滴定终点，按式(2.3)计算滴定到终点时硝酸银标准滴定溶液的体积数值（V_1）。

$$V_1 = V_a + \frac{a}{a-b} \times \Delta V \tag{2.3}$$

式中 V_1——滴定到终点时消耗硝酸银标准滴定溶液的体积数值，mL；

V_a——在 a 时消耗硝酸银标准滴定溶液的体积数值，mL；

a——二级微商为零前的二级微商数值；

b——二级微商为零后的二级微商数值；

ΔV——a 与 b 之间体积差，mL。

表 2-13   硝酸银标准滴定溶液滴定氯化钠基准溶液的记录

V'	E	ΔE[①]	ΔV[②]	一级微商[③]（$\Delta E/\Delta V$）	二级微商[④]
0.00	400	—	—	—	—
4.00	470	70	4.00	18	—
4.50	490	20	0.50	40	22
4.60	500	10	0.10	100	60
4.70	515	15	0.10	150	50

V'	E	$\Delta E^①$	$\Delta V^②$	一级微商^③（$\Delta E/\Delta V$）	二级微商^④
4.80	535	20	0.10	200	50
4.90	620	85	0.10	850	650
5.00	670	50	0.10	500	−350
5.10	690	20	0.10	200	−300
5.20	700	10	0.10	100	−100

① 相对应的电位变化数值。

② 连续滴入硝酸银标准滴定溶液体积增加的数值。

③ 单位体积硝酸银标准滴定溶液引起的电位变化数值，即 ΔE 与 ΔV 的比值。

④ 相当于相邻一级微商的数值之差。

示例：

从表中找出一级微商最大值为850，则二级微商等于零时应在 650 与 −350 之间，所以 $a=650$，$b=-350$，$V_a=4.90$mL，$\Delta V=0.10$mL。

$$V_1 = V_a + \frac{a}{a-b} \times \Delta V = 4.90 + \frac{650}{650-(-350)} \times 0.10 = 4.90 + 0.065 = 4.97 \text{(mL)}$$

即滴定到终点时，硝酸银标准滴定溶液的用量为 4.97mL。

⑤ 硝酸银标准滴定溶液浓度的确定。硝酸银标准滴定溶液浓度的准确数值 c，按式（2.4）计算。

$$c = \frac{10c_1}{V_1} \tag{2.4}$$

式中　c——硝酸银标准滴定溶液浓度，mol/L；

c_1——氯化钠标准溶液浓度的准确数值，mol/L；

V_1——滴定到终点时消耗硝酸银标准滴定溶液的体积，mL；

10——氯化钠标准溶液体积，mL。

【仪器和设备】

① 组织捣碎机。

② 粉碎机。

③ 研钵。

④ 旋涡振荡器。

⑤ 超声波清洗器。

⑥ 恒温水浴锅。

⑦ 离心机。转速≥3000r/min。

⑧ pH 计。精度为±0.1。

⑨ 玻璃电极。

⑩ 银电极或复合电极。

⑪ 电磁搅拌器。

⑫ 电位滴定仪。

⑬ 天平。感量为 0.1mg 和 1mg。

⑭ 具塞比色管（100mL）。

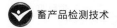

【试样的制备】

（1）粉末状、糊状或液体样品　取有代表性的样品至少 200g，充分混匀，置于密闭的玻璃容器内。

（2）块状或颗粒状等固体样品　取有代表性的样品至少 200g，用粉碎机粉碎或用研钵研细，置于密闭的玻璃容器内。

（3）半固体或半液体样品　取有代表性的样品至少 200g，用组织捣碎机捣碎，置于密闭的玻璃容器内。

【试样溶液制备】

（1）肉禽及水产制品　称取约 10g 试样（精确至 1mg）于 100mL 具塞比色管中，加入 50mL 70℃热水，振荡分散样品，水浴中煮沸 15min，并不断摇动，取出超声处理 20min，冷却至室温，依次加入 2mL 沉淀剂Ⅰ和 2mL 沉淀剂Ⅱ。每次加入沉淀剂后充分摇匀，用水稀释至刻度，摇匀，在室温静置 30min。用滤纸过滤，弃去最初滤液，取部分滤液测定。

（2）鲜（冻）肉类、灌肠类、酱卤肉类、肴肉类、烧烤肉类和火腿类

① 炭化浸出法。称取 5g 试样（精确至 1mg）于瓷坩埚中，小火炭化完全，炭化成分用玻璃棒轻轻研碎，然后加 25～30mL 水，小火煮沸，冷却，过滤于 100mL 容量瓶中，并用热水少量多次洗涤残渣及滤器，洗液并入容量瓶中，冷却至室温，加水至刻度，取部分滤液测定。

② 灰化浸出法。称取 5g 试样（精确至 1mg）于瓷坩埚中，先小火炭化，再移入高温炉中，于 500～550℃灰化，冷却，取出，残渣用 50mL 热水分数次浸渍溶解，每次浸渍后过滤于 100mL 容量瓶中，冷却至室温，加水至刻度，取部分滤液测定。

【分析步骤】

移取 10.00mL 试液（V_2）于 50mL 烧杯中。加入 5mL 硝酸溶液和 25mL 丙酮。将玻璃电极和银电极浸入溶液中，启动电磁搅拌器。

从酸式滴定管滴入 V' mL 硝酸银标准滴定溶液（所需量的 90%），测量溶液的电位值（E）。继续滴入硝酸银标准滴定溶液，每滴入 1mL 立即测量溶液电位值（E）。接近终点和终点后，每滴入 0.1mL，测量溶液的电位值（E）。继续滴入硝酸银标准滴定溶液，直至溶液电位值不再明显改变。记录每次滴入硝酸银标准滴定溶液的体积和电位值。以硝酸银标准滴定溶液的体积（V'）和电位值（E），用列表方式计算 ΔE、ΔV、一级微商和二级微商。

按式（2.3）计算滴定至终点时消耗硝酸银标准滴定溶液的体积（V_3），或用电位滴定仪自动滴定、记录硝酸银标准滴定溶液的体积和电位值。同时做空白试验，记录消耗硝酸银标准滴定溶液的体积（V'_0）。

【结果计算】

食品中氯化物的含量按式（2.5）计算：

$$X_1 = \frac{0.0355c(V_3 - V'_0)V}{m V_2} \times 100\% \tag{2.5}$$

式中　X_1——试样中氯化物的含量（以 Cl⁻ 计），%；

　　0.0355——与 1.00mL 硝酸银标准滴定溶液 $[c(AgNO_3)=1.000\text{mol/L}]$ 相当的氯的质量，g/mmol；

　　　　c——硝酸银标准滴定溶液的浓度，mol/L；

　　　V'_0——空白试验时消耗的硝酸银标准滴定溶液体积，mL；

V_2——用于滴定的滤液体积，mL；

V_3——滴定试液时消耗的硝酸银标准滴定溶液体积，mL；

V——样品定容体积，mL；

m——试样质量，g。

当氯化物含量≥1%时，结果保留三位有效数字；当氯化物含量<1%时，结果保留两位有效数字。

【精密度】

在重复性条件下获得的两次独立测定结果的绝对差值不得超过算术平均值的5%。

【其他】

以称样量10g、定容至100mL计算，方法定量限（LOQ）为0.008%（以Cl^-计）。

任务2　佛尔哈德法（间接沉淀滴定法）检测肉制品中氯化物

【试剂和材料】

（1）试剂

① 硫酸铁铵 $[NH_4Fe(SO_4)_2 \cdot 12H_2O]$。

② 硫氰酸钾（KSCN）。

③ 硝酸（HNO_3）。

④ 硝酸银（$AgNO_3$）。

⑤ 乙醇（CH_3CH_2OH）。纯度≥95%。

（2）标准品

基准氯化钠（NaCl），纯度≥99.8%。

（3）试剂配制

① 硫酸铁铵饱和溶液。称取50g硫酸铁铵，溶于100mL水中，如有沉淀物，用滤纸过滤。

② 硝酸溶液（1+3）。将1体积的硝酸加入3体积水中，混匀。

③ 乙醇溶液（80%）。将84mL95%乙醇与15mL水混匀。

（4）标准溶液配制及标定

① 硝酸银标准滴定溶液（0.1mol/L）。称取17g硝酸银，溶于少量硝酸中，转移到1000mL棕色容量瓶中，用水稀释至刻度，摇匀，转移到棕色试剂瓶中贮存。或购买有证书的硝酸银标准滴定溶液。

② 硫氰酸钾标准滴定溶液（0.1mol/L）。称取9.7g硫氰酸钾，溶于水中，转移到1000mL容量瓶中，用水稀释至刻度，摇匀。或购买经国家认证并授予标准物质证书的硫氰酸钾标准滴定溶液。

③ 硝酸银标准滴定溶液与硫氰酸钾标准滴定溶液体积比的确定。移取0.1mol/L硝酸银标准滴定溶液20.00mL（V_4）于250mL锥形瓶中，加入30mL水、5mL硝酸溶液和2mL硫酸铁铵饱和溶液，边摇动边滴加硫氰酸钾标准滴定溶液，滴定至出现淡棕红色，保持1min不褪色，记录消耗硫氰酸钾标准滴定溶液的体积（V_5）。

④ 硝酸银标准滴定溶液（0.1mol/L）和硫氰酸钾标准滴定溶液（0.1mol/L）的标定。称取经500～600℃灼烧至恒重的氯化钠0.10g（精确至0.1mg）于烧杯中，用约40mL水溶

解，并转移到 100mL 容量瓶中。加入 5mL 硝酸溶液，边剧烈摇动边加入 25.00mL（V_6）0.1mol/L 硝酸银标准滴定溶液，用水稀释至刻度，摇匀。在避光处放置 5min，用快速滤纸过滤，弃去最初滤液 10mL。准确移取滤液 50.00mL 于 250mL 锥形瓶中，加入 2mL 硫酸铁铵饱和溶液，边摇动边滴加硫氰酸钾标准滴定溶液，滴定至出现淡棕红色，保持 1min 不褪色。记录消耗硫氰酸钾标准滴定溶液的体积（V_7）。

按式(2.6)～式(2.8) 分别计算硫氰酸钾标准滴定溶液的准确浓度（c_2）和硝酸银标准滴定溶液的准确浓度（c_3）。

$$F = \frac{V_4}{V_5} = \frac{c_2}{c_3} \tag{2.6}$$

式中　F——硝酸银标准滴定溶液与硫氰酸钾标准滴定溶液的体积比；

　　　V_4——确定体积比（F）时，硝酸银标准滴定溶液的体积，mL；

　　　V_5——确定体积比（F）时，硫氰酸钾标准滴定溶液的体积，mL；

　　　c_2——硫氰酸钾标准滴定溶液浓度，mol/L；

　　　c_3——硝酸银标准滴定溶液浓度，mol/L。

$$c_3 = \frac{\dfrac{m_0}{0.05844}}{V_6 - 2 \times V_7 F} \tag{2.7}$$

式中　c_3——硝酸银标准滴定溶液浓度，mol/L；

　　　m_0——氯化钠的质量，g；

　　　V_6——沉淀氯化物时加入的硝酸银标准滴定溶液的体积，mL；

　　　V_7——滴定过量的硝酸银消耗硫氰酸钾标准滴定溶液的体积，mL；

　　　F——硝酸银标准滴定溶液与硫氰酸钾标准滴定溶液的体积比；

0.05844——与 1.00mL 硝酸银标准滴定溶液［$c(AgNO_3) = 1.000mol/L$］相当的氯化钠质量，g/mmol。

$$c_2 = c_3 F \tag{2.8}$$

式中　c_2——硫氰酸钾标准滴定溶液浓度，mol/L；

　　　c_3——硝酸银标准滴定溶液浓度，mol/L；

　　　F——硝酸银标准滴定溶液与硫氰酸钾标准滴定溶液的体积比。

【仪器和设备】

① 组织捣碎机。

② 粉碎机。

③ 研钵。

④ 旋涡振荡器。

⑤ 超声波清洗器。

⑥ 恒温水浴锅。

⑦ 离心机。转速≥3000r/min。

⑧ 天平。感量为 0.1mg 和 1mg。

⑨ 具塞比色管（100mL）。

⑩ 酸式滴定管。

【样品制备】

（1）试样制备　同任务 1。

（2）试样溶液制备 同任务 1。蛋白质、淀粉含量较高的蔬菜制品改为用乙醇溶液提取，其余步骤不变。

【分析步骤】

（1）试样氯化物的沉淀 移取 50.00mL 试样溶液（V_8）于 100mL 比色管中（氯化物含量较高的样品，可减少取样体积），加入 5mL 硝酸溶液。在剧烈摇动下，用酸式滴定管滴加 20.00～40.00mL 硝酸银标准滴定溶液，用水稀释至刻度，在避光处静置 5min。用快速滤纸过滤，弃去 10mL 最初滤液。加入硝酸银标准滴定溶液后，如不出现氯化银凝聚沉淀，而在呈现胶体溶液时，应在定容、摇匀后，置沸水浴中加热数分钟，直至出现氯化银凝聚沉淀。取出，在冷水中迅速冷却至室温，用快速滤纸过滤，弃去 10mL 最初滤液。

（2）过量硝酸银的滴定 移取 50.00mL 上述滤液于 250mL 锥形瓶中，加入 2mL 硫酸铁铵饱和溶液。边剧烈摇动边用 0.1mol/L 硫氰酸钾标准滴定溶液滴定，使淡黄色溶液出现乳白色沉淀，终点时变为淡棕红色，保持 1min 不褪色。记录消耗硫氰酸钾标准滴定溶液的体积（V_9）。用 50mL 水代替 50.00mL 滤液，同时做空白试验，记录消耗硝酸银标准滴定溶液的体积（V_0）。

【结果计算】

食品中氯化物的含量以质量分数 X_2 计，数值以％表示，按式(2.9) 计算：

$$X_2 = \frac{0.0355c_2(V_0-V_9)V}{mV_8} \times 100\% \tag{2.9}$$

式中 　X_2——试样中氯化物的含量（以 Cl⁻ 计），％；

　0.0355——与 1.00mL 硝酸银标准滴定溶液［$c(AgNO_3)=1.000mol/L$］相当的氯的质量，g/mmol；

　　c_2——硫氰酸钾标准滴定溶液浓度，mol/L；

　　V_0——空白试验消耗的硫氰酸钾标准滴定溶液体积，mL；

　　V_8——用于滴定的试样体积，mL；

　　V_9——滴定试样时消耗 0.1mol/L 硫氰酸钾标准滴定溶液的体积，mL；

　　V——样品定容体积，mL；

　　m——试样质量，g。

当氯化物含量≥1％时，结果保留三位有效数字；当氯化物含量＜1％时，结果保留两位有效数字。

【精密度】

在重复性条件下获得的两次独立测定结果的绝对差值不得超过算术平均值的 5％。

【其他】

以称样量 10g、定容至 100mL 计算，方法定量限（LOQ）为 0.008％（以 Cl⁻ 计）。

任务 3　银量法（莫尔法或直接滴定法）检测肉制品中氯化物

【试剂和材料】

除非另有规定，所用试剂均为分析纯试剂；分析用水应为符合 GB/T 6682—2008 规定的三级水。

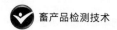

（1）试剂

① 铬酸钾（K_2CrO_4）。

② 氢氧化钠（NaOH）。

③ 酚酞（$C_{20}H_{14}O_4$）。

④ 硝酸（HNO_3）。

⑤ 乙醇（CH_3CH_2OH）。纯度≥95%。

（2）标准品 基准氯化钠（NaCl），纯度≥99.8%。

（3）试剂配制

① 铬酸钾溶液（5%）。称取 5g 铬酸钾，加水溶解，并定容到 100mL。

② 铬酸钾溶液（10%）。称取 10g 铬酸钾，加水溶解，并定容到 100mL。

③ 氢氧化钠溶液（0.1%）。称取 0.1g 氢氧化钠，加水溶解，并定容到 100mL。

④ 硝酸溶液（1+3）。将 1 体积的硝酸加入 3 体积水中，混匀。

⑤ 酚酞乙醇溶液（1%）。称取 1g 酚酞，溶于 60mL 乙醇中，用水稀释至 100mL。

⑥ 乙醇溶液（80%）。将 84mL 95%乙醇与 15mL 水混匀。

（4）标准溶液配制及标定

① 硝酸银标准滴定溶液（0.1mol/L）。称取 17g 硝酸银，溶于少量硝酸溶液中，转移到 1000mL 棕色容量瓶中，用水稀释至刻度，摇匀，转移到棕色试剂瓶中贮存。

② 硝酸银标准滴定溶液的标定（0.1mol/L）。称取经 500~600℃ 灼烧至恒重的基准试剂氯化钠 0.05~0.10g（精确至 0.1mg）于 250mL 锥形瓶中。用约 70mL 水溶解，加入 1mL 5%铬酸钾溶液，边摇动边用硝酸银标准滴定溶液滴定，颜色由黄色变为橙黄色（保持 1min 不褪色）。记录消耗硝酸银标准滴定溶液的体积（V_{10}）。硝酸银标准滴定溶液的浓度按式（2.10）计算：

$$c_4 = \frac{m_0}{0.0585 V_{10}} \qquad (2.10)$$

式中 c_4——硝酸银标准滴定溶液的浓度，mol/L；

0.0585——与 1.00mL 硝酸银标准滴定溶液 [$c(AgNO_3)=1.000mol/L$] 相当的氯化钠质量，g/mmol；

V_{10}——滴定试液时消耗硝酸银标准滴定溶液的体积，mL；

m_0——氯化钠的质量，g。

【仪器和设备】

① 组织捣碎机。

② 粉碎机。

③ 研钵。

④ 旋涡振荡器。

⑤ 超声波清洗器。

⑥ 恒温水浴锅。

⑦ 离心机。转速≥3000r/min。

⑧ pH 计。精度为±0.1。

⑨ 天平。感量为 0.1mg 和 1mg。

⑩ 具塞比色管（100mL）。

⑪ 酸式滴定管。

【试样的制备】

同任务 1。

【试液的制备】

同任务 1。其中蛋白质、淀粉含量较高的蔬菜制品改为用乙醇溶液提取，其余步骤不变。

【分析步骤】

（1）pH 值在 6.5～10.5 的试液　移取 50.00mL 试液（V_{11}），于 250mL 锥形瓶中，加入 50mL 水和 1mL 铬酸钾溶液（5%）。滴加 1～2 滴硝酸银标准滴定溶液，此时滴定液应变为棕红色，如不出现这一现象，应补加 1mL 铬酸钾溶液（10%），再边摇动边滴加硝酸银标准滴定溶液，颜色由黄色变为橙黄色（保持 1min 不褪色）。记录消耗硝酸银标准滴定溶液的体积（V_{12}）。

（2）pH 值小于 6.5 的试液　移取 50.00mL 试液（V_{11}），于 250mL 锥形瓶中，加入 50mL 水和 0.2mL 酚酞乙醇溶液，用氢氧化钠溶液滴定至微红色，加 1mL 铬酸钾溶液（10%），再边摇动边滴加硝酸银标准滴定溶液，颜色由黄色变为橙黄色（保持 1min 不褪色），记录消耗硝酸银标准滴定溶液的体积（V_{12}）。同时做空白试验，记录消耗硝酸银标准滴定溶液的体积（V_0''）。

【结果计算】

食品中氯化物含量以质量分数 X_3 表示，按式（2.11）计算：

$$X_3 = \frac{0.0355c_4(V_{12}-V_0'')V}{mV_{11}} \times 100\% \tag{2.11}$$

式中　X_3——食品中氯化物的含量（以 Cl^- 计），%；

　0.0355——与 1.00mL 硝酸银标准滴定溶液 $[c(AgNO_3)=1.000mol/L]$ 相当的氯的质量，g/mmol；

　　c_4——硝酸银标准滴定溶液的浓度，mol/L；

　　V_{11}——用于滴定的试样体积，mL；

　　V_{12}——滴定试液时消耗的硝酸银标准滴定溶液体积，mL；

　　V_0''——空白试验消耗的硝酸银标准滴定溶液体积，mL；

　　V——样品定容体积，mL；

　　m——试样质量，g。

当氯化物含量≥1%时，结果保留三位有效数字；当氯化物含量<1%时，结果保留两位有效数字。

【精密度】

在重复性条件下获得的两次独立测定结果的绝对差值不得超过算术平均值的 5%。

【其他】

以称样量 10g、定容至 100mL 计算，方法定量限（LOQ）为 0.008%（以 Cl^- 计）。

项目五

肉制品中淀粉含量的测定

知识点　肉制品中淀粉含量检测的原理

试样中加入氢氧化钾-乙醇溶液，沸水浴加热后，滤去上清液，用热乙醇洗涤沉淀除去脂肪和可溶性糖，沉淀经盐酸水解后，用碘量法测定形成的葡萄糖并计算淀粉含量。

肉制品富含脂肪和蛋白质，加入氢氧化钾-乙醇溶液，是利用碱与淀粉作用，生成醇不溶的络合物，以分离淀粉与非淀粉物质。

滴定时，应在接近终点时才加入淀粉指示剂。若淀粉指示剂加入太早，则大量的碘与淀粉结合成蓝色物质，这部分碘就不容易与硫酸钠反应，而产生误差。

测定糖的方法较多，如斐林氏容量法、高锰酸钾法等，碘量法仅适用于含醛基的糖。

任务　肉制品中淀粉含量测定

【试剂】

如无特别说明，所用试剂均为分析纯。水应符合 GB/T 6682—2008 中三级水的要求。

(1) **氢氧化钾-乙醇溶液**　称取氢氧化钾 50g，用 95% 乙醇溶解并稀释至 1000mL。

(2) **80%乙醇溶液**　量取 95% 乙醇 842mL，用水稀释至 1000mL。

(3) **1.0mol/L 盐酸溶液**　量取盐酸溶液 83mL，用水稀释至 1000mL。

(4) **300g/L 氢氧化钠溶液**　称取固体氢氧化钠 30g，用水溶解并稀释至 100mL。

(5) **蛋白沉淀剂**

① 溶液 A：称取亚铁氰化钾 [$K_4Fe(CN)_6 \cdot 3H_2O$]106g，用水溶解并定容至 1000mL。

② 溶液 B：称取乙酸锌 220g 用水溶解，加入冰乙酸 30mL，用水定容至 1000mL。

(6) **碱性铜试剂**

① 溶液 a：称取硫酸铜（$CuSO_4 \cdot 5H_2O$）25g 溶于 100mL 水中。

② 溶液 b：称取碳酸钠 144g 溶于 300~400mL 50℃ 的水中。

③ 溶液 c：称取柠檬酸（$C_6H_8O_7 \cdot H_2O$）50g，溶于 50mL 水中。

将溶液 c 缓慢加入溶液 b 中，边加边搅拌直到气泡停止产生。将溶液 a 加到此混合液中并连续搅拌，冷却至室温后，转移到 1000mL 容量瓶中，定容至刻度。放置 24h 后使用，若出现沉淀要过滤。

取一份此溶液加入 49 份煮沸的冷蒸馏水中，pH 值为 10.0±0.1。

（7）**10%碘化钾溶液**　称取碘化钾 10g，用水溶解并稀释至 100mL。

（8）**盐酸溶液**　取盐酸 100mL，用水稀释到 160mL。

（9）**0.1mol/L 硫代硫酸钠标准溶液**　按 GB/T 601—2016 制备。

（10）**溴百里酚蓝指示剂**　称取溴百里酚蓝 1g，用 95％乙醇溶解并稀释到 100mL。

（11）**淀粉指示剂**　称取可溶性淀粉 0.5g，加少许水，调成糊状，倒入 50mL 沸水中调匀，煮沸，临用时配制。

【仪器和设备】

实验室常用设备，绞肉机（孔径不超过 4mm），实验室常用玻璃器皿。

【试样】

按 GB/T 9695.19—2008 取样。取有代表性的试样不少于 200g，用绞肉机绞两次并混匀。绞好的试样应尽快分析，若不立即分析，应密封冷藏贮存，防止变质和成分发生变化。贮存的试样在启用时应重新混匀。

【分析步骤】

（1）**淀粉分离**　称取试样 25g（精确到 0.01g，淀粉含量约 1g，如果估计试样中淀粉含量超过 1g，应适当减少试样量）于 500mL 烧杯中，加入热氢氧化钾-乙醇溶液 300mL，用玻璃棒搅匀后盖上表面皿，在沸水浴上加热 1h，不时搅拌。然后，完全转移到漏斗上过滤，用 80％热乙醇洗涤沉淀数次。

（2）**水解**　将滤纸钻个孔，用 1.0mol/L 盐酸溶液 100mL 将沉淀完全洗入 250mL 烧杯中，盖上表面皿，在沸水浴中水解 2.5h，不时搅拌。

溶液冷却至室温，用氢氧化钠溶液中和至 pH 值约为 6，注意 pH 值不要超过 6.5。将溶液移入 200mL 容量瓶中，加入蛋白沉淀剂溶液 A 3mL，混合后再加入蛋白沉淀剂溶液 B 3mL，用水定容至刻度，摇匀，经不含淀粉的滤纸过滤。滤液中加入氢氧化钠溶液 1～2 滴，使之对溴百里酚蓝指示剂呈碱性。

（3）**测定**　准确取一定量滤液（V_2）稀释到一定体积（V_3），然后取 25.00mL（最好含葡萄糖 40～50mg）移入碘量瓶中，加入 25.00mL 碱性铜试剂，装上冷凝管，在电炉上于 2min 内煮沸。随后改用温火继续煮沸 10min，迅速冷却到室温，取下冷凝管，加入碘化钾溶液 30mL，小心加入盐酸溶液 25.0mL，盖好盖待滴定。

用硫代硫酸钠标准溶液滴定上述溶液中释放出来的碘。滴至溶液变成浅黄色时，加入淀粉指示剂 1mL，继续滴定直到蓝色消失，记下消耗硫代硫酸钠标准溶液的体积（V_1）。

同一试样进行两次测定并做空白试验。

【结果计算】

（1）**葡萄糖量（m_1）的计算**　按式（2.12）计算消耗硫代硫酸钠物质的量（mmol）（X_1）：

$$X_1 = 10(V_1 - V_0)c \tag{2.12}$$

式中　X_1——消耗硫代硫酸钠物质的量，mmol；

V_0——空白试验消耗硫代硫酸钠标准溶液的体积，mL；

V_1——试样消耗硫代硫酸钠标准溶液的体积，mL；

c——硫代硫酸钠标准溶液的浓度，mol/L。

根据 X_1，从表 2-14 中查出相应的葡萄糖量（m_1）。

表 2-14　硫代硫酸钠的物质的量同葡萄糖量（m_1）的换算关系

X_1/mmol	相应的葡萄糖量	
	m_1/mg	Δm_1/mg
1	2.4	2.4
2	4.8	2.4
3	7.2	2.5
4	9.7	2.5
5	12.2	2.5
6	14.7	2.5
7	17.2	2.6
8	19.8	2.6
9	22.4	2.6
10	25.0	2.6
11	27.6	2.7
12	30.3	2.7
13	33.0	2.7
14	35.7	2.8
15	38.5	2.8
16	41.3	2.9
17	44.2	2.9
18	47.1	2.9
19	50.0	3.0
20	53.0	3.0
21	56.0	3.1
22	59.1	3.1
23	62.2	3.1
24	65.3	3.1
25	68.4	

（2）淀粉含量的计算　按式（2.13）计算淀粉含量：

$$X_2 = \frac{m_1}{1000} \times 0.9 \times \frac{V_3}{25} \times \frac{200}{V_2} \times \frac{100}{m_0} = 0.72 \times \frac{V_3}{V_2} \times \frac{m_1}{m_0} \qquad (2.13)$$

式中　X_2——淀粉含量，g/100g；

　　　m_1——葡萄糖含量，mg；

　　　0.9——葡萄糖折算成淀粉的换算系数；

V_3——稀释后的体积，mL；

V_2——取原液的体积，mL；

m_0——试样的质量，g。

【精密度】

在同一实验室由同一操作者在短暂的时间间隔内，用同一设备对同一试样获得的两次独立测定结果的绝对差值不得超过 0.2%。

项目六

肉制品中亚硝酸盐和硝酸盐含量的测定

知识点　肉制品中亚硝酸盐和硝酸盐含量检测意义、方法和原理

为了保持肉制品鲜红的色泽，通常使用护色剂或发色剂。硝酸盐与亚硝酸盐是食品加工工业中常用的发色剂。亚硝酸盐非人体所必需，摄入过多会对人体健康产生危害。体内过量的亚硝酸盐，可导致亚硝酸盐中毒症状。亚硝酸盐又是致癌性的亚硝基化合物的前体物，研究证明人体内和食物中的亚硝酸盐只要与胺类或酰胺类同时存在，就可能形成致癌性的亚硝基化合物，因此要对其进行检测。

食品中亚硝酸盐和硝酸盐含量检测方法有离子色谱法和分光光度法。

离子色谱法检测原理为试样经沉淀蛋白质、除去脂肪后，采用相应的方法提取和净化，以氢氧化钾溶液为淋洗液，用阴离子交换柱分离、电导检测器检测。以保留时间定性，外标法定量。

分光光度法检测原理为亚硝酸盐采用盐酸萘乙二胺法测定，硝酸盐采用镉柱还原法测定。试样经沉淀蛋白质、除去脂肪后，在弱酸性条件下亚硝酸盐与对氨基苯磺酸重氮化后，再与盐酸萘乙二胺耦合形成紫红色染料，用外标法测得亚硝酸盐含量。采用镉柱将硝酸盐还原成亚硝酸盐，测得亚硝酸盐总量，由此总量减去亚硝酸盐含量，即得试样中硝酸盐含量。

任务 1　离子色谱法测定肉制品中亚硝酸盐与硝酸盐

【试剂和材料】

除非另有说明，本方法所用试剂均为分析纯，水为 GB/T 6682—2008 规定的一级水。

（1）试剂

① 乙酸（CH_3COOH）：分析纯。

② 氢氧化钾（KOH）：分析纯。

（2）试剂配制

① 乙酸溶液（3%）：量取 3mL 乙酸于 100mL 容量瓶中，以水稀释至刻度，混匀。

② 氢氧化钾溶液（1mol/L）：称取 6g 氢氧化钾，加入新煮沸过的冷水溶解，并稀释至 100mL，混匀。

（3）标准品

① 亚硝酸钠（$NaNO_2$，CAS 号：7632-00-0）：基准试剂，或采用具有标准物质证书的亚硝酸盐标准溶液。

② 硝酸钠（$NaNO_3$，CAS 号：7631-99-4）：基准试剂，或采用具有标准物质证书的硝酸盐标准溶液。

（4）标准溶液的制备

① 亚硝酸盐标准贮备液（100mg/L，以 NO_2^- 计，下同）：准确称取 0.1500g 于 110～120℃干燥至恒重的亚硝酸钠，用水溶解并转移至 1000mL 容量瓶中，加水稀释至刻度，混匀。

② 硝酸盐标准贮备液（1000mg/L，以 NO_3^- 计，下同）：准确称取 1.3710g 于 110～120℃干燥至恒重的硝酸钠，用水溶解并转移至 1000mL 容量瓶中，加水稀释至刻度，混匀。

③ 亚硝酸盐和硝酸盐混合标准中间液：准确移取亚硝酸盐和硝酸盐标准贮备液各 1.0mL 于 100mL 容量瓶中，用水稀释至刻度，此溶液中 NO_2^- 浓度为 1.0mg/L 和 NO_3^- 浓度为 10.0mg/L。

④ 亚硝酸盐和硝酸盐混合标准使用液：移取亚硝酸盐和硝酸盐混合标准中间液，加水逐级稀释，制成系列混合标准使用液，亚硝酸根离子浓度分别为 0.02mg/L、0.04mg/L、0.06mg/L、0.08mg/L、0.10mg/L、0.15mg/L、0.20mg/L；硝酸根离子浓度分别为 0.2mg/L、0.4mg/L、0.6mg/L、0.8mg/L、1.0mg/L、1.5mg/L、2.0mg/L。

【仪器和设备】

注意：所有玻璃器皿使用前均需依次用 2mol/L 氢氧化钾和水分别浸泡 4h，然后用水冲洗 3～5 次，晾干备用。

① 离子色谱仪：配电导检测器及抑制器或紫外检测器、高容量阴离子交换柱、$50\mu L$ 定量杯。

② 食物粉碎机。

③ 超声波清洗器。

④ 天平：感量为 0.1mg 和 1mg。

⑤ 离心机：转速≥10000r/min，配 50mL 离心管。

⑥ 水性滤膜针头滤器：$0.22\mu m$。

⑦ 净化柱：包括 C_{18} 柱、Ag 柱和 Na 柱或等效柱。

⑧ 注射器：1.0mL 和 2.5mL。

【分析步骤】

（1）试样预处理

① 新鲜蔬菜、水果。将试样用去离子水洗净，晾干后，取可食部分切碎混匀。将切碎的样品用四分法取适量，用食物粉碎机制成匀浆备用。如需加水应记录加水量。

② 肉类、蛋类、水产及其制品。用四分法取适量或取全部，用食物粉碎机制成匀浆备用。

③ 乳粉、豆乳粉、婴儿配方粉等固态乳制品（不包括干酪）。将试样装入能够容纳 2 倍试样体积的带盖容器中，通过反复摇晃和颠倒容器使试样充分混匀。

④ 发酵乳、乳、炼乳及其他液体乳制品。通过搅拌或反复摇晃和颠倒容器使试样充分混匀。

⑤ 干酪。取适量的样品研磨成均匀的泥浆状。为避免水分损失，研磨过程中应避免产生过多的热量。

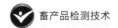

（2）提取

① 肉类、蛋类、鱼类及其制品等。称取试样匀浆 5g（精确至 0.001g），置于 150mL 具塞锥形瓶中，加入 80mL 水，超声提取 30min，每隔 5min 振摇 1 次，保持固相完全分散。于 75℃ 水浴中放置 5min，取出放置至室温，定量转移至 100mL 容量瓶中，加水稀释至刻度，混匀。溶液经滤纸过滤后，取部分溶液于 10000r/min 离心 15min，取上清液备用。

② 腌鱼类、腌肉类及其他腌制品。称取试样匀浆 2g（精确至 0.001g），置于 150mL 具塞锥形瓶中，加入 80mL 水，超声提取 30min，每隔 5min 振摇 1 次，保持固相完全分散。于 75℃ 水浴中放置 5min，取出放置至室温，定量转移至 100mL 容量瓶中，加水稀释至刻度，混匀。溶液经滤纸过滤后，取部分溶液于 10000r/min 离心 15min，取上清液备用。

③ 取上述备用溶液约 15mL，通过 0.22μm 水性滤膜针头滤器、C_{18} 柱，弃去前面 3mL（如果氯离子浓度大于 100mg/L，则需要依次通过针头滤器、C_{18} 柱、Ag 柱和 Na 柱，弃去前面 7mL），收集后面洗脱液待测。

净化柱使用前需进行活化，C_{18} 柱（1.0mL）、Ag 柱（1.0mL）和 Na 柱（1.0mL），其活化过程为：C_{18} 柱（1.0mL）使用前依次用 10mL 甲醇、15mL 水通过，静置活化 30min；Ag 柱（1.0mL）和 Na 柱（1.0mL）用 10mL 水通过，静置活化 30min。

（3）参考色谱条件

① 色谱柱。氢氧化物选择性，可兼容梯度洗脱的二乙烯基苯-乙基苯乙烯共聚物基质，烷醇基季铵盐功能团的高容量阴离子交换柱，4mm×250mm（带保护柱 4mm×50mm），或性能相当的离子色谱柱。

② 淋洗液

a. 一般试样：氢氧化钾溶液，浓度为 6～70mmol/L；洗脱梯度为 6mmol/L 30min，70mmol/L 5min，6mmol/L 5min；流速 1.0mL/min。

b. 粉状婴幼儿配方食品：氢氧化钾溶液，浓度为 5～50mmol/L；洗脱梯度为 5mmol/L 33min，50mmol/L 5min，5mmol/L 5min；流速 1.3mL/min。

③ 抑制器。连续自动再生膜阴离子抑制器或等效抑制装置。

④ 检测器。电导检测器，检测器温度为 35℃。或者紫外检测器，检测波长为 226nm。

⑤ 进样体积。50μL（可根据试样中被测离子含量进行调整）。

（4）测定

① 标准曲线的制作。将标准系列工作液分别注入离子色谱仪中，得到各浓度标准工作液色谱图，测定相应的峰高（μS）或峰面积，以标准工作液的浓度为横坐标、以峰高（μS）或峰面积为纵坐标，绘制标准曲线（亚硝酸盐和硝酸盐混合标准溶液的色谱图见图 2-3）。

② 试样溶液的测定。将空白和试样溶液注入离子色谱仪中，得到空白和试样溶液的峰高（μS）或峰面积，根据标准曲线得到待测液中亚硝酸根离子或硝酸根离子的浓度。

【结果计算】

试样中 NO_2^- 或 NO_3^- 的含量按式（2.14）计算：

$$X = \frac{(\rho - \rho_0)Vf \times 1000}{m \times 1000} \tag{2.14}$$

式中　X——试样中 NO_2^- 或 NO_3^- 的含量，mg/kg；

　　　ρ——测定用试样溶液中的 NO_2^- 或 NO_3^- 浓度，mg/L；

　　　ρ_0——试剂空白液中 NO_2^- 或 NO_3^- 浓度，mg/L；

V——试样溶液体积，mL；

f——试样溶液稀释倍数；

m——试样取样量，g。

试样中测得的 NO_2^- 含量乘以换算系数 1.5，即得亚硝酸盐（按亚硝酸钠计）含量；试样中测得的 NO_3^- 含量乘以换算系数 1.37，即得硝酸盐（按硝酸钠计）含量。

结果保留两位有效数字。

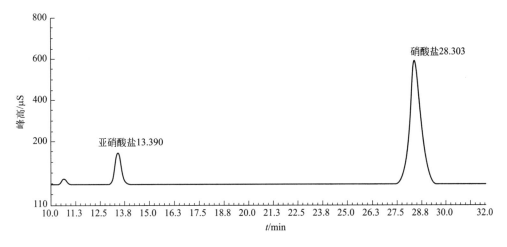

图 2-3　亚硝酸盐和硝酸盐混合标准溶液的色谱图

【精密度】

在重复性条件下获得的两次独立测定结果的绝对差值不得超过算术平均值的 10%。

【其他】

本法中亚硝酸盐和硝酸盐检出限分别为 0.2mg/kg 和 0.4mg/kg。

任务 2　分光光度法测定肉、乳制品中亚硝酸盐与硝酸盐

【试剂和材料】

（1）试剂

① 亚铁氰化钾 $[K_4Fe(CN)_6 \cdot 3H_2O]$。

② 乙酸锌 $[Zn(CH_3COO)_2 \cdot 2H_2O]$。

③ 冰乙酸 (CH_3COOH)。

④ 硼酸钠 $(Na_2B_4O_7 \cdot 10H_2O)$。

⑤ 盐酸 $(\rho = 1.19g/mL)$。

⑥ 氨水 (25%)。

⑦ 对氨基苯磺酸 $(C_6H_7NO_3S)$。

⑧ 盐酸萘乙二胺 $(C_{12}H_{14}N_2 \cdot 2HCl)$。

⑨ 硝酸钠 $(NaNO_3)$。

⑩ 锌皮或锌棒。

⑪ 硫酸镉。

⑫ 亚硝酸钠 $(NaNO_2)$。

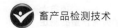

（2）试剂配制

① 亚铁氰化钾溶液（106g/L）：称取 106.0g 亚铁氰化钾，用水溶解，并稀释至 1000mL。

② 乙酸锌溶液（220g/L）：称取 220.0g 乙酸锌，先加 30mL 冰乙酸溶解，再用水稀释至 1000mL。

③ 饱和硼砂溶液（50g/L）：称取 5.0g 硼酸钠，溶于 100mL 热水中，冷却后备用。

④ 氨缓冲溶液（pH 值为 9.6～9.7）：量取 30mL 盐酸，加 100mL 水，混匀后加 65mL 氨水，再加水稀释至 1000mL，混匀。调节 pH 值至 9.6～9.7。

⑤ 氨缓冲液的稀释液：量取 50mL pH 9.6～9.7 氨缓冲溶液，加水稀释至 500mL，混匀。

⑥ 盐酸（0.1mol/L）：量取 8.3mL 盐酸，用水稀释至 1000mL。

⑦ 盐酸（2mol/L）：量取 167mL 盐酸，用水稀释至 1000mL。

⑧ 盐酸（20%）：量取 20mL 盐酸，用水稀释至 100mL。

⑨ 对氨基苯磺酸溶液（4g/L）：称取 0.4g 对氨基苯磺酸，溶于 100mL 20% 盐酸中，混匀，置棕色瓶中避光保存。

⑩ 盐酸萘乙二胺溶液（2g/L）：称取 0.2g 盐酸萘乙二胺，溶解于 100mL 水中，混匀，置棕色瓶中避光保存。

⑪ 硫酸铜溶液（20g/L）：称取 20g 硫酸铜，加水溶解，并稀释至 1000mL。

⑫ 硫酸镉溶液（40g/L）：称取 40g 硫酸镉，加水溶解，并稀释至 1000mL。

⑬ 乙酸溶液（3%）：量取冰乙酸 3mL 于 100mL 容量瓶中，以水稀释至刻度，混匀。

（3）标准品

① 亚硝酸钠（$NaNO_2$，CAS 号：7632-00-0）：基准试剂，或采用具有标准物质证书的亚硝酸盐标准溶液。

② 硝酸钠（$NaNO_3$，CAS 号：7631-99-4）：基准试剂，或采用具有标准物质证书的硝酸盐标准溶液。

（4）标准溶液配制

① 亚硝酸钠标准溶液（200mg/L）：准确称取 0.1000g 于 110～120℃ 干燥至恒重的亚硝酸钠，加水溶解，移入 500mL 容量瓶中，加水稀释至刻度，混匀。

② 亚硝酸钠标准使用液（5.0μg/mL）：临用前，吸取亚硝酸钠标准溶液 5.00mL，置于 200mL 容量瓶中，加水稀释至刻度，混匀。

③ 硝酸钠标准溶液（200mg/L，以亚硝酸钠计）：准确称取 0.1232g 于 110～120℃ 干燥至恒重的硝酸钠，加水溶解，移入 500mL 容量瓶中，加水稀释至刻度。

④ 硝酸钠标准使用液（5.0μg/mL，以亚硝酸钠计）：临用前，吸取硝酸钠标准溶液 2.50mL，置于 100mL 容量瓶中，加水稀释至刻度，混匀。

【仪器】

（1）天平　感量为 0.1mg 和 1mg。

（2）组织捣碎机

（3）超声波清洗器

（4）恒温干燥箱

（5）分光光度计

（6）具塞比色管（50mL）

（7）镉柱

① 海绵状镉的制备。镉粒直径 0.3～0.8mm。将适量的锌棒放入烧杯中，用 40g/L 硫酸镉溶液浸没锌棒。在 24h 之内，不断将锌棒上的海绵状镉轻轻刮下。取出残余锌棒，使镉沉底，倾去上层溶液。用水冲洗海绵状镉 2～3 次后，将镉转移至容器中，加 400mL 盐酸（0.1mol/L），搅拌数秒，以得到所需粒径的镉粒。将制得的海绵状镉倒回烧杯中，静置 3～4h，期间搅拌数次，以除去气泡。倾去海绵状镉中的溶液，并可按下述方法进行镉粒镀铜。

② 镉粒镀铜。将制得的镉粒置锥形瓶中（所用镉粒的量以达到要求的镉柱高度为准），加足量的盐酸（2mol/L）浸没镉粒，振荡 5min，静置分层，倾去上层溶液，用水多次冲洗镉粒。在镉粒中加入 20g/L 硫酸铜溶液（每克镉粒约需 2.5mL），振荡 1min，静置分层，倾去上层溶液后，立即用水冲洗镀铜镉粒（注意镉粒要始终用水浸没），直至冲洗的水中不再有铜沉淀。

③ 镉柱的装填。如图 2-4 所示，用水装满镉柱玻璃管，并装入约 2cm 高的玻璃棉，将玻璃棉压向管底时，应将其中所包含的空气全部排出，再在轻轻敲击下，加入海绵状镉至 8～10cm ［见图 2-4(a)］ 或 15～20cm ［见图 2-4(b)］，上面用 1cm 高的玻璃棉覆盖。若使用（b）装置，则上置一贮液漏斗，末端要穿过橡皮塞与镉柱玻璃管紧密连接。

如无上述镉柱玻璃管时，可以 25mL 酸式滴定管代用，但装柱时要注意始终保持液面在镉层之上。当镉柱装填好后，先用 25mL 盐酸（0.1mol/L）洗涤，再以水洗 2 次，每次 25mL，镉柱不用时用水封盖，且随时都要保持水平面在镉层之上，不得使镉层夹有气泡。

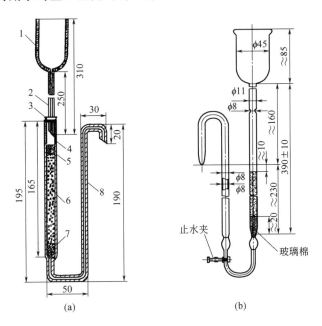

图 2-4 镉柱示意图（单位：mm）

1—贮液漏斗（内径 35mm，外径 37mm）；2—进液毛细管（内径 0.4mm，外径 6mm）；3—橡皮塞；
4—镉柱玻璃管（内径 12mm，外径 16mm）；5,7—玻璃棉；6—海绵状镉；8—出液毛细管（内径 2mm，外径 8mm）

④ 镉柱每次使用完毕后，应先以 25mL 盐酸（0.1mol/L）洗涤，再以水洗 2 次，每次 25mL，后用水覆盖镉柱。

⑤ 镉柱还原效率的测定。吸取 20mL 硝酸钠标准使用液，加入 5mL 氨缓冲液的稀释液，混匀后注入贮液漏斗，使其流经镉柱还原，以原烧杯收集流出液，当贮液漏斗中的样液流完后，再加 5mL 水置换柱内留存的样液。取 10.0mL 还原后的溶液（相当于 10μg 亚硝酸钠）于 50mL 具塞比色管中，以下按分析步骤中（3）亚硝酸盐的测定中自"吸取 0.00mL、0.20mL、0.40mL、0.60mL、0.80mL、1.00mL…"起依次操作，根据标准曲线计算测得结果，与加入量一致，还原效率应大于 98% 为符合要求。

⑥ 还原效率的计算。还原效率按式（2.15）进行计算。

$$X = \frac{m_1}{10} \times 100\%$$ (2.15)

式中 X——还原效率，%；

m_1——测得亚硝酸钠的含量，μg；

10——测定用溶液相当的亚硝酸钠含量，μg。

【分析步骤】

(1) 试样的预处理 同项目六任务 1。

(2) 提取

① 干酪：称取试样 2.5g（精确至 0.001g），置于 150mL 具塞锥形瓶中，加水 80mL，摇匀，超声 30min，取出放置至室温，定量转移至 100mL 容量瓶中，加入 3% 乙酸溶液 2mL，加水稀释至刻度，混匀。于 4℃ 放置 20min，取出放置至室温，溶液经滤纸过滤，取滤液备用。

② 液体乳样品：称取试样 90g（精确至 0.001g），置于 250mL 具塞锥形瓶中，加 12.5mL 饱和硼砂溶液，加入 70℃ 左右的水约 60mL，混匀，于沸水浴中加热 15min，取出置冷水浴中冷却，并放置至室温。定量转移上述提取液至 200mL 容量瓶中，加入 5mL 106g/L 亚铁氰化钾溶液，摇匀，再加入 5mL 220g/L 乙酸锌溶液，以沉淀蛋白质。加水至刻度，摇匀，放置 30min，除去上层脂肪，上清液用滤纸过滤，取滤液备用。

③ 乳粉：称取试样 10g（精确至 0.001g），置于 150mL 具塞锥形瓶中，加 12.5mL 50g/L 饱和硼砂溶液，加入 70℃ 左右的水约 150mL，混匀，于沸水浴中加热 15min，取出置冷水浴中冷却，并放置至室温。定量转移上述提取液至 200mL 容量瓶中，加入 5mL 106g/L 亚铁氰化钾溶液，摇匀，再加入 5mL 220g/L 乙酸锌溶液，以沉淀蛋白质。加水至刻度，摇匀，放置 30min，除去上层脂肪，上清液用滤纸过滤，弃去初滤液 30mL，取滤液备用。

④ 其他样品：称取 5g（精确至 0.001g）匀浆试样（如制备过程中加水，应按加水量折算），置于 250mL 具塞锥形瓶中，加 12.5mL 50g/L 饱和硼砂溶液，加入 70℃ 左右的水约 150mL，混匀，于沸水浴中加热 15min，取出置冷水浴中冷却，并放置至室温。定量转移上述提取液至 200mL 容量瓶中，加入 5mL 106g/L 亚铁氰化钾溶液，摇匀，再加入 5mL 220g/L 乙酸锌溶液，以沉淀蛋白质。加水至刻度，摇匀，放置 30min，除去上层脂肪，上清液用滤纸过滤，弃去初滤液 30mL，取滤液备用。

(3) 亚硝酸盐的测定 吸取 40.0mL 上述滤液于 50mL 具塞比色管中，另吸取 0.00mL、0.20mL、0.40mL、0.60mL、0.80mL、1.00mL、1.50mL、2.00mL、2.50mL 亚硝酸钠标准使用液（相当于 0.0μg、1.0μg、2.0μg、3.0μg、4.0μg、5.0μg、7.5μg、10.0μg、12.5μg 亚硝酸钠），分别置于 50mL 具塞比色管中。于标准管与试样管中分别加入

2mL 对氨基苯磺酸溶液，混匀，静置 3～5min 后各加入 1mL 盐酸萘乙二胺溶液，加水至刻度，混匀，静置 15min。用 1cm 比色杯，以零管调节零点，于波长 538nm 处测吸光度，绘制标准曲线比较。同时做空白试验。

（4）硝酸盐的测定

① 镉柱还原

a. 先以 25mL 氨缓冲液的稀释液冲洗镉柱，流速控制在 3～5mL/min（以滴定管代替的可控制在 2～3mL/min）。

b. 吸取 20mL 滤液于 50mL 烧杯中，加 5mL pH 9.6～9.7 氨缓冲溶液，混合后注入贮液漏斗，使其流经镉柱还原。当贮液漏斗中的样液流尽后，加 15mL 水冲洗烧杯，再倒入贮液杯中。冲洗水流完后，再用 15mL 水重复一次。当第 2 次冲洗水快流尽时，将贮液杯装满水，以最大流速过柱。当容量瓶中的洗提液接近 100mL 时，取出容量瓶，用水定容至刻度，混匀。

② 亚硝酸钠总量的测定。吸取 10～20mL 还原后的样液于 50mL 具塞比色管中。以下按步骤（3）亚硝酸盐的测定中自"吸取 0.00mL、0.20mL、0.40mL、0.80mL、1.00mL…"起操作。

【结果计算】

（1）亚硝酸盐含量计算 亚硝酸盐（以亚硝酸钠计）的含量按式（2.16）进行计算。

$$X_1 = \frac{m_2 \times 1000}{m_3 \times \frac{V_1}{V_0} \times 1000} \tag{2.16}$$

式中　X_1——试样中亚硝酸钠的含量，mg/kg；

　　　m_2——测定用样液中亚硝酸钠的质量，μg；

　　　m_3——试样质量，g；

　　　V_1——测定用样液体积，mL；

　　　V_0——试样处理液总体积，mL；

　　1000——转换系数。

结果保留两位有效数字。

（2）硝酸盐含量计算

$$X_2 = \left(\frac{m_4 \times 1000}{m_5 \times 1000 \times \frac{V_3}{V_2} \times \frac{V_5}{V_4}} - X_1 \right) \times 1.232 \tag{2.17}$$

式中　X_2——试样中硝酸钠的含量，mg/kg；

　　　m_4——经镉柱还原后测得总亚硝酸钠的质量，μg；

　　1000——转换系数；

　　　m_5——试样质量，g；

　1.232——亚硝酸钠换算成硝酸钠的系数；

　　　V_3——总亚硝酸钠样液的测定用体积，mL；

　　　V_2——试样处理液总体积，mL；

　　　V_4——经镉柱还原后样液总体积，mL；

　　　V_5——经镉柱还原后样液的测定用体积，mL；

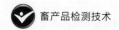

X_1——由式（2.16）计算出的试样中亚硝酸钠的含量，mg/kg。

结果保留两位有效数字。

【精密度】

在重复性条件下获得的两次独立测定结果的绝对差值不得超过算数平均值的10%。

【其他】

分光光度法中亚硝酸盐检出限：液体乳 0.06mg/kg，乳粉 0.5mg/kg，干酪及其他 1mg/kg；硝酸盐检出限：液体乳 0.6mg/kg，乳粉 5mg/kg，干酪及其他 10mg/kg。

【注意事项】

镉是有毒物质，在制作海绵状镉及处理镉柱时，不要用手直接接触，也不要触及皮肤，如有触及，应立即用水冲洗。

镉柱如保护得当，使用一年，效能尚不会有显著变化。

项目七

肉制品中多种磷酸盐的测定

知识点　肉制品中多种磷酸盐检测方法和原理

肉制品中多种磷酸盐检测采用离子色谱法，试样采用相应的方法提取和净化，以氢氧化钾溶液为淋洗液，用阴离子交换柱分离、电导检测器检测。以保留时间定性，外标法定量。

任务　离子色谱法检测肉制品中多种磷酸盐含量

【试剂和材料】

除非另有说明，本方法所用试剂均为优级纯，水为 GB/T 6682—2008 规定的一级水。

（1）试剂

① 氢氧化钠（NaOH）。

② 氢氧化钾（KOH）。

③ 甲醇（CH_3OH）：色谱纯。

（2）试剂配制

① 氢氧化钠溶液（10mmol/L）：称取 0.4g 氢氧化钠，溶于水并稀释定容至 1000mL。

② 氢氧化钠溶液（50mmol/L）：称取 2.0g 氢氧化钠，溶于水并稀释定容至 1000mL。

（3）标准品

① 磷酸钠（Na_3PO_4）标准溶液：1000mg/L，水基体。

② 焦磷酸钠（$Na_4P_2O_7$）标准溶液：1000mg/L，水基体。

③ 六偏磷酸钠［$(NaPO_3)_6$］标准溶液：1000mg/L，水基体。

④ 三偏磷酸钠［$(Na_3PO_3)_3$］标准品：纯度≥98％。

⑤ 三聚磷酸钠（$Na_5P_3O_{10}$）标准品：纯度≥98％。

（4）标准溶液配制

① 磷酸根标准中间（贮备）溶液（100mg/L）：吸取磷酸钠标准溶液 17.3mL 于 100mL 容量瓶中，用 10mmol/L 氢氧化钠溶液稀释至刻度，此溶液含磷酸根 0.1g/L。

② 焦磷酸根标准贮备溶液（100mg/L）：吸取焦磷酸钠标准溶液 15.3mL 于 100mL 容量瓶中，用 10mmol/L 氢氧化钠溶液稀释至刻度，此溶液含焦磷酸根 0.1g/L。

③ 六偏磷酸根标准中间（贮备）溶液（100mg/L）：吸取六偏磷酸钠标准溶液 12.9mL 于 100mL 容量瓶中，用 10mmol/L 氢氧化钠溶液稀释至刻度，此溶液含六偏磷酸根 0.1g/L。

④ 三偏磷酸根标准中间（贮备）溶液（1000mg/L）：将三偏磷酸钠在（103±2）℃烘箱中干燥 3h，在干燥器中冷却至室温后，准确称取三偏磷酸钠标准品 0.132g（精确至 0.0001g），用 10mmol/L 氢氧化钠溶液稀释至 100mL，此溶液含三偏磷酸根 1.0g/L。

⑤ 三聚磷酸根标准贮备溶液（1000mg/L）：将三聚磷酸钠在（103±2）℃烘箱中干燥 3h，在干燥器中冷却至室温后，准确称取三聚磷酸钠标准品 0.148g（精确至 0.0001g），用 10mmol/L 氢氧化钠溶液稀释至 100mL，此溶液含三聚磷酸根 1.0g/L。

⑥ 标准曲线工作溶液：吸取五种不同磷酸根标准贮备溶液，用 10mmol/L 氢氧化钠溶液稀释，制成系列标准溶液，五种不同磷酸根的标准溶液浓度见表 2-15。

表 2-15　五种不同磷酸根的标准溶液浓度　　　　　单位：mg/L

标准曲线系列	1	2	3	4	5
磷酸根	0.00	0.300	1.00	5.00	10.0
焦磷酸根	0.00	0.300	1.00	5.00	10.0
三偏磷酸根	0.00	0.300	1.00	5.00	10.0
三聚磷酸根	0.00	0.300	1.00	5.00	10.0
六偏磷酸根	0.00	1.00	3.00	15.0	30.0

【仪器和设备】

注意：所有玻璃器皿使用前均需要依次用 2mol/L 氢氧化钾溶液和水分别浸泡 4h，然后用水冲洗 3～5 次，晾干备用。

① 离子色谱仪：包括电导检测器，配有抑制器、带梯度泵或淋洗液发生器、高容量阴离子交换柱、100μL 定量杯。

② 食物粉碎机。

③ 超声波清洗器：可进行 80℃控温，超声波频率为 60Hz。

④ 天平：感量为 0.1mg 和 1mg。

⑤ 离心机：转速≥8000r/min，温度可调到 4℃。

⑥ 水性滤膜：0.45μm，带针头滤器。

⑦ 净化柱：包括 OnGuardⅡRP 柱、Ag 柱和 Na 柱，或等效柱。

⑧ 注射器：1.0mL 和 5.0mL。

⑨ 具塞比色管：25mL、50mL 和 100mL。

【分析步骤】

在试样制备过程中，应防止样品受到污染。

(1) 试样制备

① 鱼、肉类及其制品。取 500g 鱼、肉类或其制品的可食部分，捣碎混匀，冷冻保存。

② 蔬菜、水果。取 500g 可食部分，洗净、晾干、切碎、混匀，用食物粉碎机制成匀浆备用。

③ 乳粉、乳制品饮料或饮料类。通过反复摇晃和颠倒容器使样品充分混匀直到样品呈均一化。

④ 固体油脂、脂肪等样品。取 500g 样品研磨成均匀泥浆状。为避免水分损失，研磨过程中应避免产生过多的热量。

⑤ 杂粮、小麦粉及其制品、果冻、巧克力、糖果、膨化食品、熟制坚果与籽类。取 500g 可食部分用食物粉碎机搅匀备用。

⑥ 调味料。粉末状调味料通过反复摇晃和颠倒容器使样品充分混匀，固体大颗粒状调味料取 500g 用食物粉碎机搅匀备用。

⑦ 谷类和淀粉类甜品、米粉、婴幼儿配方食品及辅助食品。通过反复摇晃和颠倒容器使样品充分混匀直到样品呈均一化。

（2）样品前处理

① 样品的提取。称取 2.5g（精确至 0.001g，可适当调整试样的取样量）试样，用 50mmol/L 氢氧化钠溶液洗入 100mL 具塞比色管中，混匀定容至刻度，80℃ 超声提取 30min，每隔 5min 振摇一次，保持固定相完全分散。冷却至室温后，溶液经滤纸过滤；取滤液于 4℃ 下、8000r/min 离心 10min，取上清液备用。

② 样品的净化。取样品提取处理完成后的上清液约 15mL，通过 0.45μm 水性滤膜针头滤器、OnGuardⅡRP，弃去前面 3mL（如果氯离子浓度大于 100mg/L，则需要依次通过针头滤器、OnGuardⅡRP、Ag 柱和 Na 柱，弃去前面 7mL），收集后面洗脱液待测。测定前应根据样品含量对待测液进行适当稀释。净化柱使用前需进行活化，如使用 OnGuardⅡRP 柱（1.0mL）、OnGuardⅡAg 柱（1.0mL）和 OnGuardⅡNa 柱（1.0mL），其活化过程为：OnGuardⅡRP 柱（1.0mL）使用前依次用 10mL 甲醇、15mL 水通过，静置活化 30min；OnGuardⅡAg 柱（1.0mL）和 OnGuardⅡNa 柱（1.0mL）用 10mL 水通过，静置活化 30min。

（3）参考色谱条件

① 色谱柱。氢氧化物选择性，可兼容梯度洗脱的高容量阴离子交换柱，如 Dionex Ionpac AS11-HC 4mm×250mm（带 Ionpac AG11-HC 型保护柱 4mm×50mm），或性能相当的离子色谱柱。

② 淋洗液。氢氧化钾溶液，梯度淋洗时间及氢氧化钾浓度关系见表 2-16；流速 1.0mL/min。

表 2-16 梯度淋洗的时间及氢氧化钾的浓度关系

时间/min	氢氧化钾浓度/(mmol/L)	曲率（curve）
0	20	5
22	20	5
25	50	5
45	50	5
55	75	5
57	20	5
60	20	5

③ 抑制器。连续自动再生膜阴离子抑制器或等效抑制装置。

④ 检测器。电导检测器。

⑤ 柱温箱。柱温箱温度为 30℃。

⑥ 进样体积。100μL（可根据试样中被测离子含量进行调整）。

（4）**标准曲线的制作** 将系列标准工作液按从低到高浓度依次进样，测定相应的电导检测器信号值，得到各浓度标准溶液的色谱图。以标准工作液的浓度（mg/L）为横坐标，以峰面积（μS）或峰高为纵坐标，绘制标准曲线，并计算线性回归方程。参考色谱图见图2-5。

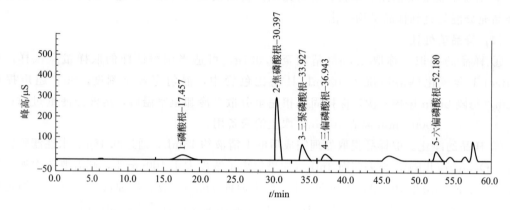

图 2-5　五种不同磷酸根标准溶液离子色谱图

（5）**试样溶液的测定** 将试样溶液在相同工作条件下注入离子色谱仪中，记录色谱图，以保留时间定性，测定样品的峰面积（μS）或峰高，根据标准曲线得到待测液中被测组分的浓度，平行测定次数不少于两次。

（6）**空白试验** 空白试验是指除不加试样外，采用完全相同的分析步骤、试剂和用量，进行平行操作。

【结果计算】

试样中磷酸根含量按式（2.18）计算：

$$X_i = \frac{(\rho_i - \rho_{0i})V \times 1000}{m \times 1000} \tag{2.18}$$

式中　X_i——样品中第 i 个磷酸根含量，mg/kg；

　　　ρ_i——样品中第 i 个磷酸根测定值，mg/L；

　　　ρ_{0i}——样品空白液中第 i 个磷酸根测定值，mg/L；

　　　V——样品提取液定容体积，mL；

　　　m——样品称样量，g；

　　1000——换算系数。

计算结果以重复性条件下获得的两次独立测定结果的算术平均值表示，结果保留三位有效数字。若分析结果需要以正磷酸根含量表示，则依表 2-17 将聚磷酸根含量乘以换算系数 F。样品中总多聚磷酸根为各种多聚磷酸根换算的正磷酸根总和。

表 2-17　聚磷酸根换算为正磷酸根的换算系数

聚磷酸根	$M_{[A]}$	m	F
正磷酸根	94.94	1	1
焦磷酸根	173.94	2	1.092
三偏磷酸根	236.91	3	1.203

聚磷酸根	$M_{[A]}$	m	F
三聚磷酸根	252.91	3	1.127
六偏磷酸根	473.82	6	1.203

注：聚磷酸根换算为正磷酸根的换算系数 F 的计算方法见式(2.19)。

$$F = 94.94 \times m / M_{[A]} \tag{2.19}$$

式中　94.94——正磷酸根的分子量；

　　　$M_{[A]}$——聚磷酸根的分子量；

　　　m——聚磷酸根分子式中磷的摩尔系数。

【精密度】

在重复性条件下获得的两次独立测定结果的绝对差值不得超过算术平均值的 15%。

【其他】

本方法的检出限和定量限如下：

取样 1.0g，定容至 50mL；鱼、肉类取样 2.5g，定容至 100mL，测定前再稀释 2.5 倍。测定各多聚磷酸根的检出限分别为正磷酸根 6.0mg/kg、焦磷酸根 5.6mg/kg、三聚磷酸根 6.0mg/kg、三偏磷酸根 6.4mg/kg、六偏磷酸根 19.2mg/kg；定量限分别为正磷酸根 20mg/kg、焦磷酸根 20mg/kg、三聚磷酸根 20mg/kg、三偏磷酸根 20mg/kg、六偏磷酸根 60mg/kg。

项目八

动物性食品中盐酸克伦特罗残留量的测定

知识点 1　什么是瘦肉精？

任何能够促进瘦肉生长、抑制肥肉生长的物质都可以叫作"瘦肉精"。目前，能够实现这种功能的物质是一类叫作 β-受体激动剂（β-agonist）的药物，如在中国造成中毒的克伦特罗和在美国允许使用的莱克多巴胺。国务院食品安全委员会办公室《"瘦肉精"专项整治方案》（食安办〔2011〕14 号）规定的"瘦肉精"品种有：克伦特罗、莱克多巴胺、沙丁胺醇、硫酸沙丁胺醇、盐酸多巴胺、西马特罗、硫酸特布他林、苯乙醇胺 A、班布特罗、盐酸齐帕特罗、盐酸氯丙那林、马布特罗、西布特罗、溴布特罗、酒石酸阿福特罗、富马酸福莫特罗。

β-受体激动剂类药物曾经可用于治疗支气管哮喘，当它们以超过治疗剂量 $5\sim10$ 倍的用量用于家畜饲养时，即有显著的营养"再分配效应"——促进动物体蛋白质沉积，促进脂肪分解抑制脂肪沉积，能显著提高胴体的瘦肉率、增重和提高饲料转化率，因此曾被用作牛、羊、禽、猪等畜禽的促生长剂、饲料添加剂。瘦肉精让畜禽的瘦肉率提高，带来更多经济价值，但它对人体有很危险的副作用。其主要危害是：出现肌肉震颤、心慌、战栗、头疼、恶心、呕吐等症状，特别是对高血压、心脏病、甲亢和前列腺肥大等疾病患者危害更大，严重的可导致死亡。因此，我国严禁使用此类药物用于畜禽饲养。

知识点 2　动物性食品中盐酸克伦特罗残留量的测定方法

瘦肉精相关检测的常用标准包括：GB/T 5009.192—2003《动物性食品中克伦特罗残留量的测定》GB/T 21313—2007《动物源性食品中 β-受体激动剂残留检测方法　液相色谱-质谱/质谱法》GB/T 22286—2008《动物源性食品中多种 β-受体激动剂残留量的测定　液相色谱串联质谱法》农业部 958 号公告-3-2007《动物源食品中莱克多巴胺　高效液相色谱法-质谱法》SB/T 10779—2012《动物肌肉中盐酸克伦特罗的快速筛查　胶体金免疫层析法》。

根据国标 GB/T 5009.192—2003《动物性食品中克伦特罗残留量的测定》克伦特罗残留有三种测定方法：酶联免疫法（ELISA）筛选，检出限为 $0.5\mu g/kg$，线性范围为 $0.004\sim0.054ng$；高效液相色谱法（HPLC）定量，检出限为 $0.5\mu g/kg$，线性范围为 $0.5\sim4ng$；气相色谱-质谱法（GC-MS）确证和定量，检出限为 $0.5\mu g/kg$，线性范围为 $0.025\sim2.5ng$。

知识点 3　动物性食品中盐酸克伦特罗残留量测定的原理

1. 气相色谱-质谱法

固体试样剪碎，用高氯酸溶液匀浆；液体试样加入高氯酸溶液，进行超声加热提取后，用异丙醇＋乙酸乙酯（40＋60）萃取，有机相浓缩，经弱阳离子交换柱进行分离，用乙醇＋浓氨水（98＋2）溶液洗脱，洗脱液浓缩，经 N,O-双（三甲基硅烷基）三氟乙酰胺（BSTFA）衍生后于气质联用仪上进行测定。以美托洛尔为内标，定量。

2. 高效液相色谱法

固体试样剪碎，用高氯酸溶液匀浆；液体试样加入高氯酸溶液，进行超声加热提取后，用异丙醇＋乙酸乙酯（40＋60）萃取，有机相浓缩，经弱阳离子交换柱进行分离，用乙醇＋浓氨水（98＋2）溶液洗脱，洗脱液经浓缩、流动相定容后在高效液相色谱仪上进行测定，外标法定量。

3. 酶联免疫法

基于抗原抗体反应进行竞争性抑制测定。微孔板包被有针对克伦特罗的抗体。克伦特罗抗体经过孵育及洗涤步骤后，加入竞争性酶标记物、标准或试样溶液。克伦特罗与竞争性酶标记物竞争克伦特罗抗体，没有与抗体连接的克伦特罗标记酶在洗涤步骤中被除去。将底物（过氧化尿素）和发色剂（四甲基联苯胺）加入孔中孵育，结合的酶标记物将无色的发色剂转化为蓝色。加入反应停止液后使颜色由蓝色转变为黄色。在 450nm 处测量吸光度值，吸光度值与克伦特罗浓度的自然对数成反比。

任务 1　气相色谱-质谱法（GC-MS）检测克伦特罗残留量

【试剂和材料】

（1）试剂

① 克伦特罗：纯度≥99.5％。

② 美托洛尔：纯度≥99％。

③ 磷酸二氢钠。

④ 氢氧化钠。

⑤ 氯化钠。

⑥ 高氯酸。

⑦ 浓氨水。

⑧ 异丙醇。

⑨ 乙酸乙酯。

⑩ 甲醇：色谱纯。

⑪ 甲苯：色谱纯。

⑫ 乙醇。

⑬ 衍生剂：N,O-双（三甲基硅烷基）三氟乙酰胺（BSTFA）。

⑭ 高氯酸溶液（0.1mol/L）。

⑮ 氢氧化钠溶液（1mol/L）。

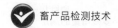

⑯ 磷酸二氢钠缓冲液（0.1mol/L，pH＝6.0）。

⑰ 异丙醇＋乙酸乙酯（40＋60）。

⑱ 乙醇＋浓氨水（98＋2）。

⑲ 美托洛尔内标标准溶液：准确称取美托洛尔标准品，用甲醇溶解配成浓度为250mg/L 的内标贮备液，贮于冰箱中，使用时用甲醇稀释成2.4mg/L 的内标标准使用液。

⑳ 克伦特罗标准溶液：准确称取克伦特罗标准品，用甲醇溶解配成浓度为250mg/L 的标准贮备液，贮于冰箱中，使用时用甲醇稀释成0.5mg/L 的克伦特罗标准使用液。

(2) 材料

① 弱阳离子交换柱（LC-WCX）（3mL）。

② 针筒式微孔滤膜（0.45μm，水相）。

【仪器和设备】

① 气相色谱-质谱联用仪（GC-MS）。

② 磨口玻璃离心管：11.5cm（长）×3.5cm（内径），具塞。

③ 5mL 玻璃离心管。

④ 超声波清洗器。

⑤ 酸度计。

⑥ 离心机。

⑦ 振荡器。

⑧ 旋转蒸发器。

⑨ 旋涡混合器。

⑩ 恒温加热器。

⑪ N_2-蒸发器。

⑫ 匀浆器。

【操作步骤】

(1) 提取

① 肌肉、肝脏、肾脏试样。称取肌肉、肝脏或肾脏试样10g（精确到0.01g），用20mL 0.1mol/L 高氯酸溶液匀浆，置于磨口玻璃离心管中，然后于超声波清洗器中超声20min，取出于80℃水浴中加热30min。取出冷却后离心（4500r/min）15min，倾出上清液，沉淀用5mL 0.1mol/L 高氯酸溶液洗涤，再离心，将2次上清液合并。用1mol/L 氢氧化钠溶液调pH 值至9.5±0.1，若有沉淀产生，再离心（4500r/min）10min，将上清液转移至磨口玻璃离心管中，加入8g 氯化钠混匀，加入25mL 异丙醇＋乙酸乙酯（40＋60），置于振荡器上振荡提取20min。提取完毕后，放置5min（若有乳化层稍离心一下）。用吸管将上层有机相移至旋转蒸发瓶中，用20mL 异丙醇＋乙酸乙酯（40＋60）再重复萃取一次，合并有机相，于60℃在旋转蒸发器上浓缩至近干。用1mL 0.1mol/L 磷酸二氢钠缓冲液（pH 6.0）充分溶解残留物，经针筒式微孔滤膜过滤、洗涤3次后完全转移至5mL 玻璃离心管中，并用0.1mol/L 磷酸二氢钠缓冲液（pH 6.0）定容至刻度。

② 尿液试样。用移液管量取尿液5mL，加入20mL 0.1mol/L 高氯酸溶液，超声20min 混匀。置于80℃水浴中加热30min。以下按①中从"用1mol/L 氢氧化钠溶液调pH 值至9.5±0.1"起开始操作。

③ 血液试样。将血液于4500r/min 离心，用移液管量取上层血清1mL 置于5mL 玻璃

离心管中，加入 2mL 0.1mol/L 高氯酸溶液，混匀，置于超声波清洗器中超声 20min，取出于 80℃ 水浴中加热 30min。取出冷却后离心（4500r/min）15min，倾出上清液，沉淀用 1mL 0.1mol/L 高氯酸溶液洗涤，离心（4500r/min）10min，合并上清液，再重复一遍洗涤步骤，合并上清液。向上清液中加入约 1g 氯化钠，加入 2mL 异丙醇＋乙酸乙酯（40＋60），在旋涡混合器上振荡萃取 5min，放置 5min（若有乳化层稍离心一下），小心移出有机相于 5mL 玻璃离心管中，按以上萃取步骤重复萃取两次，合并有机相。将有机相在 N_2-蒸发器上吹干。用 1mL 0.1mol/L 磷酸二氢钠缓冲液（pH 6.0）充分溶解残留物，经针筒式微孔滤膜过滤完后转移至 5mL 玻璃离心管中，并用 0.1mol/L 磷酸二氢钠缓冲液（pH 6.0）定容至刻度。

（2）净化　依次用 10mL 乙醇、3mL 水、3mL 0.1mol/L 磷酸二氢钠缓冲液（pH 6.0）、3mL 水冲洗弱阳离子交换柱，取适量（1）中的提取液至弱阳离子交换柱上，弃去流出液。分别用 4mL 水和 4mL 乙醇冲洗柱子，弃去流出液，再用 6mL 乙醇＋浓氨水（98＋2）冲洗柱子，收集流出液。将流出液在 N_2-蒸发器上浓缩至干。

（3）衍生化　于净化、吹干的试样残渣中加入 100～500μL 甲醇、50μL 2.4mg/L 的内标标准使用液，在 N_2-蒸发器上浓缩至干，迅速加入 40μL 衍生剂（BSTFA），盖紧塞子，在旋涡混合器上混匀 1min，置于 75℃ 恒温加热器中衍生 90min。衍生反应完成后取出冷却至室温，在旋涡混合器上混匀 30s，置于 N_2-蒸发器上浓缩至干。加入 200μL 甲苯，在旋涡混合器上充分混匀，待气质联用仪进样。同时用克伦特罗标准使用液做系列同步衍生。

（4）气相色谱-质谱法测定

① 气相色谱-质谱法测定参数设定。

气相色谱柱：DB-5MS 柱（30m×0.25mm×0.25μm）；

载气：He；

柱前压：8psi（1psi＝6894.76Pa）；

进样口温度：240℃；

进样量：1μL，不分流；

柱温程序：70℃ 保持 1min，以 18℃/min 升至 200℃，以 5℃/min 再升至 245℃，再以 25℃/min 升至 280℃ 并保持 2min。

EI 源：

电子轰击能：70eV；

离子源温度：200℃；

接口温度：285℃；

溶剂延迟：12min；

EI 源检测特征质谱峰：克伦特罗，m/z 86、187、243、262；美托洛尔，m/z 72、223。

② 测定。吸取 1μL 衍生的试样液或标准液注入气质联用仪中，以试样峰（m/z 86、187、243、262、264、277、333）与内标峰（m/z 72、223）的相对保留时间定性，要求试样峰中至少有 3 对选择离子相对强度（与基峰的比例）不超过标准相应选择离子相对强度平均值的 20% 或 3 倍标准差。以试样峰（m/z 86）与内标峰（m/z 72）的峰面积比单点或多点校准定量。

③ 克伦特罗标准与内标衍生物的选择性离子总离子流图及质谱图（见图 2-6～图 2-8）。

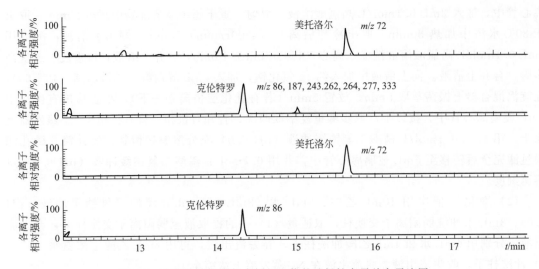

图 2-6 克伦特罗标准与内标衍生物的选择性离子总离子流图

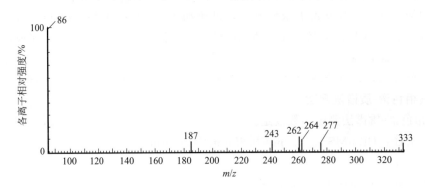

图 2-7 克伦特罗标准衍生物的选择性离子质谱图

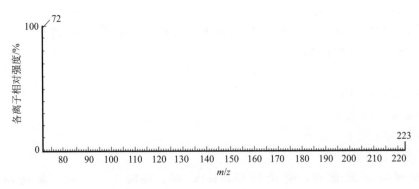

图 2-8 内标衍生物的选择性离子质谱图

【结果计算】

按内标法单点或多点校准计算试样中克伦特罗的含量：

$$X = \frac{Af}{m} \tag{2.20}$$

式中 X——试样中克伦特罗的含量，$\mu g/kg$ 或 $\mu g/L$；

A——试样色谱峰与内标色谱峰的峰面积比值对应的克伦特罗质量，ng；

f——试样稀释倍数；

m——试样的取样量，g 或 mL。

计算结果保留到小数点后两位。

【精密度】

在重复性条件下获得的两次独立测定结果的绝对差值不得超过算术平均值的 20%。

任务 2　高效液相色谱法（HPLC）检测克伦特罗残留量

【试剂和材料】

（1）试剂

① 克伦特罗：纯度≥99.5%。

② 磷酸二氢钠。

③ 氢氧化钠。

④ 氯化钠。

⑤ 高氯酸。

⑥ 浓氨水。

⑦ 异丙醇。

⑧ 乙酸乙酯。

⑨ 甲醇：HPLC 级。

⑩ 乙醇。

⑪ 高氯酸溶液（0.1mol/L）。

⑫ 氢氧化钠溶液（1mol/L）。

⑬ 磷酸二氢钠缓冲液（0.1mol/L，pH=6.0）。

⑭ 异丙醇+乙酸乙酯（40+60）。

⑮ 乙醇+浓氨水（98+2）。

⑯ 甲醇+水（45+55）。

⑰ 克伦特罗标准溶液：准确称取克伦特罗标准品，用甲醇配成浓度为 250mg/L 的标准贮备液，贮于冰箱中；使用时用甲醇稀释成 0.5mg/L 的克伦特罗标准使用液，进一步用甲醇+水（45+55）适当稀释。

（2）材料　弱阳离子交换柱（LC-WCX）（3mL）。

【仪器和设备】

① 水浴超声波清洗器。

② 磨口玻璃离心管：11.5cm（长）×3.5cm（内径），具塞。

③ 5mL 玻璃离心管。

④ 酸度计。

⑤ 离心机。

⑥ 振荡器。

⑦ 旋转蒸发器。

⑧ 旋涡混合器。

⑨ 针筒式微孔滤膜（0.45μm，水相）。

⑩ N₂-蒸发器。

⑪ 匀浆器。

⑫ 高效液相色谱仪。

【操作步骤】

(1) 提取

① 肌肉、肝脏、肾脏试样。同气相色谱-质谱法。

② 尿液试样。同气相色谱-质谱法。

③ 血液试样。同气相色谱-质谱法。

(2) 净化 同气相色谱-质谱法。

(3) 试样测定前的准备 于净化、吹干的试样残渣中加入 100～500μL 流动相，在旋涡混合器上充分振摇，使残渣溶解，液体浑浊时用 0.45μm 的针筒式微孔滤膜过滤，上清液进行液相色谱测定。

(4) 测定

① 液相色谱测定参考条件。

色谱柱：BDS 或 ODS 柱（250mm×4.6mm），5μm；

流动相：甲醇＋水（45＋55）；

流速：1mL/min；

进样量：20～50μL；

柱箱温度：25℃；

紫外检测器：244nm。

② 测定。吸取 20～50μL 标准校正溶液及试样液注入液相色谱仪，以保留时间定性，用外标法单点或多点校准法定量。

③ 克伦特罗标准的高效液相色谱图（见图 2-9）。

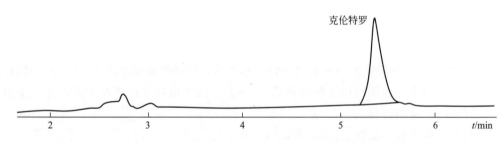

图 2-9　克伦特罗标准（100μg/L）的高效液相色谱图

【结果计算】

按外标法计算试样中克伦特罗含量：

$$X = \frac{Af}{m} \qquad\qquad (2.21)$$

式中　X——试样中克伦特罗的含量，μg/kg 或 μg/L；

　　　A——试样色谱峰与标准色谱峰的峰面积比值对应的克伦特罗质量，ng；

　　　f——试样稀释倍数；

　　　m——试样的取样量，g 或 mL。

计算结果保留到小数点后两位。

【精密度】

在重复性条件下获得的两次独立测定结果的绝对差值不得超过算术平均值的 20%。

任务 3　酶联免疫法（ELISA）检测克伦特罗残留量

【试剂和材料】

（1）试剂

① 磷酸二氢钠。

② 高氯酸。

③ 异丙醇。

④ 乙酸乙酯。

⑤ 高氯酸溶液（0.1mol/L）。

⑥ 氢氧化钠溶液（1mol/L）。

⑦ 磷酸二氢钠缓冲液（0.1mol/L，pH=6.0）。

⑧ 异丙醇+乙酸乙酯（40+60）。

（2）材料

① 针筒式微孔滤膜（0.45μm，水相）。

② 克伦特罗酶联免疫试剂盒：

a. 96 孔板（12 条×8 孔）包被有针对克伦特罗的抗体。

b. 克伦特罗系列标准液（至少有 5 个倍比稀释浓度水平，外加一个空白）。

c. 过氧化物酶标记物（浓缩液）。

d. 克伦特罗抗体（浓缩液）。

e. 酶底物：过氧化尿素。

f. 发色剂：四甲基联苯胺。

g. 反应停止液：1mol/L 硫酸。

h. 缓冲液：酶标记物及抗体浓缩液稀释用。

【仪器和设备】

① 超声波清洗器。

② 磨口玻璃离心管：11.5cm（长）×3.5cm（内径），具塞。

③ 酸度计。

④ 离心机。

⑤ 振荡器。

⑥ 旋转蒸发器。

⑦ 旋涡混合器。

⑧ 匀浆器。

⑨ 酶标仪（配备 450nm 滤光片）。

⑩ 微量移液器：单道 20μL、50μL、100μL 和多道 50～250μL 可调。

【操作步骤】

（1）提取

① 肌肉、肝脏及肾脏试样。同气相色谱-质谱法。

② 尿液试样。若尿液浑浊先离心（3000r/min）10min，将上清液适当稀释后上酶标板

进行酶联免疫法筛选实验。

③ 血液试样。将血清或血浆离心（3000r/min）10min，取上清液适当稀释后上酶标板进行酶联免疫法筛选实验。

（2）测定

① 试剂的准备

a. 竞争酶标记物。提供的竞争酶标记物为浓缩液，由于稀释的酶标记物稳定性不好，仅稀释实际需用量的酶标记物。在吸取浓缩液之前，要仔细振摇。用缓冲液以 1∶10 的比例稀释酶标记物浓缩液（如 400μL 浓缩液＋4.0mL 缓冲液，足够 4 个微孔板条 32 孔用）。

b. 克伦特罗抗体。提供的克伦特罗抗体为浓缩液，由于稀释的克伦特罗抗体稳定性较差，仅稀释实际需用量的克伦特罗抗体。在吸取浓缩液之前，要仔细振摇。用缓冲液以 1∶10 的比例稀释抗体浓缩液（如 400μL 浓缩液＋4.0mL 缓冲液，足够 4 个微孔板条 32 孔用）。

c. 包被有抗体的微孔板条。将锡箔袋沿横向边压皱外沿剪开，取出需用数量的微孔板条及框架，将不用的微孔板条放进原锡箔袋中并且与提供的干燥剂一起重新密封，保存于 2～8℃。

② 试样准备。将试样提取物取 20μL 进行分析，高残留的试样用蒸馏水进一步稀释。

③ 测定。使用前将试剂盒在室温（19～25℃）下放置 1～2h。

a. 将标准和试样（至少按双平行实验计算）所用数量的板条插入微孔架，记录标准和试样的位置。

b. 加入 100μL 稀释后的抗体溶液到每一个微孔中。充分混合并在室温孵育 15min。

c. 倒出孔中的液体，将微孔架倒置在吸水纸上拍打（每行拍打 3 次）以保证完全除去孔中的液体。将 250μL 蒸馏水充入孔中，再次倒掉微孔中液体，再重复操作两次以上。

d. 加入 20μL 的标准或处理好的试样到各自的微孔中。标准和试样至少做两个平行实验。

e. 加入 100μL 稀释的酶标记物，室温孵育 30min。

f. 倒出孔中的液体，将微孔架倒置在吸水纸上拍打（每行拍打 3 次）以保证完全除去孔中的液体。将 250μL 蒸馏水充入孔中，再次倒掉微孔中液体，再重复操作两次以上。

g. 加入 50μL 酶底物和 50μL 发色剂到微孔中，充分混合并在室温暗处孵育 15min。

h. 加入 100μL 反应停止液到微孔中。混合好后尽快在 450nm 波长处测量吸光度值。

【结果计算】

用所获得的标准溶液和试样溶液吸光度值与空白溶液的吸光度值进行计算：

$$相对吸光度值(\%) = B/B_0 \times 100\% \tag{2.22}$$

式中　B——标准（或试样）溶液的吸光度值；

　　　B_0——空白（浓度为 0 的标准溶液）溶液的吸光度值。

将计算出的相对吸光度值（%）对应克伦特罗浓度（ng/L）的自然对数作半对数坐标系统曲线图，校正曲线在 0.004～0.054ng（200～2000ng/L）范围内呈线性，对应的试样浓度可由校正曲线算出：

$$X = \frac{Af}{m \times 1000} \tag{2.23}$$

式中　X——试样中克伦特罗的含量，μg/kg 或 μg/L；

    A——试样的相对吸光度值（％）对应的克伦特罗含量，ng/L；

    f——试样稀释倍数；

    m——试样的取样量，g 或 mL。

计算结果保留到小数点后两位。阳性结果需要经过 GC-MS 法确证。

【精密度】

在重复性条件下获得的两次独立测定结果的绝对差值不得超过算术平均值的 20％。

项目九

金黄色葡萄球菌检验

知识点 1　金黄色葡萄球菌检验原理

金黄色葡萄球菌隶属于葡萄球菌属，可引起许多严重感染。金黄色葡萄球菌是人类化脓感染中最常见的病原菌，可引起局部化脓感染，也可引起肺炎、伪膜性肠炎、心包炎等，甚至导致败血症、脓毒症等全身感染。因此，对食品中金黄色葡萄球菌检验，防止其污染食品，是预防金黄色葡萄球菌感染的重要手段。

典型的金黄色葡萄球菌为球形，直径 $0.8\mu m$ 左右，显微镜下排列成葡萄串状。金黄色葡萄球菌无芽孢、鞭毛，大多数无荚膜，革兰氏染色阳性。金黄色葡萄球菌营养要求不高，在普通培养基上生长良好，需氧或兼性厌氧，最适生长温度 37℃，最适生长 pH 7.4。平板上菌落厚，有光泽、圆形凸起，直径 1～2mm。血平板菌落周围形成透明的溶血环。可分解葡萄糖、麦芽糖、乳糖、蔗糖，产酸不产气。甲基红反应阳性，V-P 反应弱阳性。许多菌株可分解精氨酸，水解尿素，还原硝酸盐，液化明胶。金黄色葡萄球菌具有较强的抵抗力，对磺胺类药物敏感性低，但对青霉素、红霉素等高度敏感。金黄色葡萄球菌有高度的耐盐性，可在 10％～15％ NaCl 肉汤中生长。

知识点 2　葡萄球菌肠毒素检验原理

葡萄球菌肠毒素可用 A、B、C、D、E 型金黄色葡萄球菌肠毒素分型酶联免疫吸附试剂盒完成。本方法测定的基础是酶联免疫吸附反应（ELISA）。96 孔酶标板每一个微孔条的 A～E 孔分别包被了 A、B、C、D、E 型葡萄球菌肠毒素抗体，H 孔为阳性质控，已包被混合型葡萄球菌肠毒素抗体，F 和 G 孔为阴性质控，包被了非免疫动物的抗体。样品中如果有葡萄球菌肠毒素，游离的葡萄球菌肠毒素则与各微孔中包被的特定抗体结合，形成抗原抗体复合物，其余未结合的成分在洗板过程中被洗掉；抗原抗体复合物再与辣根过氧化物酶标记物（二抗）结合，未结合上的酶标记物在洗板过程中被洗掉；加入酶底物和显色剂并孵育，酶标记物上的酶催化底物分解，使无色的显色剂变为蓝色；加入反应终止液可使颜色由蓝变黄，并终止了酶反应；以 450nm 波长的酶标仪测量微孔溶液的吸光度值，样品中的葡萄球菌肠毒素与吸光度值成正比。

任务 1　金黄色葡萄球菌定性检验

【设备和材料】

① 恒温培养箱：(36±1)℃。

174

② 冰箱：2～5℃。

③ 恒温水浴箱：36～56℃。

④ 电子天平：感量为 0.1g。

⑤ 均质器或灭菌研钵。

⑥ 振荡器。

⑦ 无菌吸管：1mL（具 0.01mL 刻度）、10mL（具 0.1mL 刻度）或微量移液器及吸头。

⑧ 无菌锥形瓶：容量 100mL、500mL。

⑨ 无菌培养皿：直径 90mm。

⑩ 无菌试管。

⑪ L 形涂布棒。

⑫ pH 计或 pH 精密试纸。

【培养基和试剂】

（1）试剂 革兰氏染色液。

（2）培养基和增菌液

① 7.5%氯化钠肉汤。

② 血琼脂平板。

③ Baird-Parker 琼脂。

④ 牛脑心浸出液肉汤（BHI）。

⑤ 脱纤维羊（或兔）血。

⑥ 兔血浆。

⑦ 磷酸盐缓冲液。

⑧ 0.85%灭菌生理盐水。

（3）培养基和增菌液制备

① 7.5%氯化钠肉汤

a. 成分

蛋白胨	10.0g
牛肉膏	5.0g
氯化钠	75.0g
蒸馏水	1000mL

b. 制法。将以上成分混合加热溶解，调至 pH 7.4±0.2，分装，每瓶 225mL，121℃高压灭菌 15min。

② 血琼脂平板

a. 成分

豆粉琼脂（pH 7.5±0.2）	100mL
脱纤维羊（或兔）血	5～10mL

b. 制法。加热熔化琼脂，冷却至 50℃，以无菌操作加入脱纤维羊（或兔）血，摇匀，倾注平板。

③ Baird-Parker 琼脂

a. 成分

胰蛋白胨	10.0g

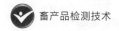

牛肉膏	5.0g
酵母膏	1.0g
丙酮酸钠	10.0g
甘氨酸	12.0g
氯化锂	5.0g
琼脂	20.0g
蒸馏水	950mL
30%卵黄盐水	50mL
1%亚碲酸钾	10mL

b. 卵黄亚碲酸盐增菌剂配制。将新鲜鸡蛋浸泡在适当的杀菌剂中 1min 后，以无菌操作打开鸡蛋，使蛋黄与蛋白分开，将蛋黄加于生理盐水中（3＋7，体积分数）充分摇匀，于 50mL 蛋黄乳液中加入通过 0.22μm 孔径滤膜过滤除菌的 1%亚碲酸钾水溶液 10mL，混匀，保存于冰箱内。

c. 制法。将各成分加于蒸馏水中，加热煮沸使其完全溶解，冷却至 25℃，调至 pH 值至 7.0±0.2，分装每瓶 95mL，121℃高压灭菌 15min。临用时加热熔化琼脂，冷却至 50℃左右，每 95mL 加入预热至 50℃的卵黄亚碲酸钾增菌剂 5mL，摇匀后倾注平板，培养基应是致密不透明的，使用前在冰箱贮存不得超过 48h。

④ 牛脑心浸出液肉汤（BHI）

a. 成分

胰蛋白胨	10.0g
氯化钠	5.0g
磷酸氢二钠·12H$_2$O	2.5g
葡萄糖	2.0g
牛脑心浸出液	500mL

b. 制法。加热溶解，调节 pH 值至 7.4±0.2，分装 16mm×160mm 试管，每管 5mL，置 121℃、15min 灭菌。

⑤ 兔血浆。临用时取 3.8%柠檬酸钠溶液（取柠檬酸钠 3.8g 加蒸馏水 100mL，待溶解后过滤，121℃高压灭菌 15min）1 份，加入新鲜兔血 4 份，混匀后放冰箱中使血球沉降（或以 3000r/min 离心 30min）后取上清液进行试验。

⑥ 磷酸盐缓冲液

a. 成分

磷酸二氢钾（KH$_2$PO$_4$）	34.0g
蒸馏水	500mL

b. 制法

贮存液：称取 34.0g 的磷酸二氢钾溶于 500mL 蒸馏水中，用约 175mL 的 1mol/L 氢氧化钠溶液调节 pH 值至 7.2，用蒸馏水稀释至 1000mL 后贮存于冰箱。

稀释液：取贮存液 1.25mL，用蒸馏水稀释至 1000mL，分装于适宜容器中，121℃高压灭菌 15min。

⑦ 营养琼脂小斜面

a. 成分

蛋白胨	10.0g

牛肉膏	3.0g
氯化钠	5.0g
琼脂	15.0～20.0g
蒸馏水	1000mL

b. 制法。将除琼脂以外各成分溶解于蒸馏水中，加入15%氢氧化钠溶液约2mL调节pH值至7.3±0.2。加入琼脂，加热煮沸，使琼脂熔化，分装13mm×130mm试管，121℃高压灭菌15min。

⑧ 0.85%无菌生理盐水

a. 成分

| 氯化钠 | 8.5g |
| 蒸馏水 | 1000mL |

b. 制法。将氯化钠溶于蒸馏水中，分装于适当容器中，121℃高压灭菌15min。

【操作步骤】

金黄色葡萄球菌定性检验程序见图2-10。

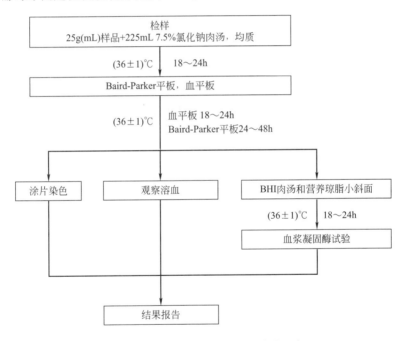

图 2-10　金黄色葡萄球菌定性检验程序

(1) 样品的处理

① 固体或半固体食品：以无菌操作称取25g样品，放入装有225mL 7.5%氯化钠肉汤的无菌均质杯内，8000～10000r/min均质1～2min，或放入装有225mL 7.5%氯化钠肉汤的无菌均质袋内，用拍击式均质器拍打1～2min。

② 液体食品：用灭菌吸管吸取25mL样品，放入装有225mL灭菌生理盐水的灭菌玻璃瓶内（瓶内预置适当数量的玻璃珠），经充分振摇制成1∶10样品匀液。

供计数检验时，可按十进位递增稀释法将样品匀液再进行适当稀释。

(2) 增菌　将上述样品匀液于（36±1）℃培养18～24h。金黄色葡萄球菌在7.5%氯化钠肉汤中呈混浊生长。

（3）分离　将增菌后的培养物，分别划线接种到 Baird-Parker 平板和血平板，血平板（36±1）℃培养 18～24h，Baird-Parker 平板（36±1）℃培养 24～48h。

（4）初步鉴定　金黄色葡萄球菌在 Baird-Parker 平板上呈圆形，表面光滑、凸起、湿润，菌落直径为 2～3mm，颜色呈灰黑色至黑色，有光泽，常有浅色（非白色）的边缘，周围绕以不透明圈（沉淀），其外常有一清晰带。当用接种针触及菌落时具有黄油样黏稠感。有时可见到不分解脂肪的菌株，除没有不透明圈和清晰带外，其他外观基本相同。从长期贮存的冷冻或脱水食品中分离的菌落，其黑色常较典型菌落浅些，且外观可能较粗糙，质地较干燥。在血平板上，形成菌落较大，圆形、光滑凸起、湿润、金黄色（有时为白色），菌落周围可见完全透明溶血圈（图 2-11）。挑取上述可疑菌落进行革兰氏染色镜检及血浆凝固酶试验。

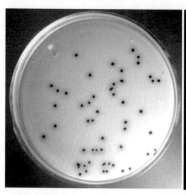
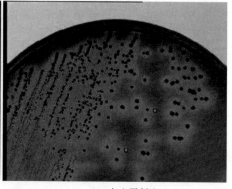

（a）在 Baird-Parker 平板上　　　（b）在血平板上

图 2-11　金黄色葡萄球菌的菌落形态

（5）确证鉴定

① 染色镜检。金黄色葡萄球菌为革兰氏阳性球菌，排列呈葡萄串状，无芽孢，无荚膜，直径约为 0.5～1μm，其革兰染色绘图见图 2-12。

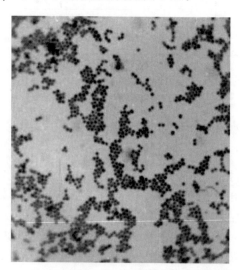

图 2-12　金黄色葡萄球菌革兰氏染色绘图

② 血浆凝固酶试验。挑取 Baird-Parker 平板或血平板上至少 5 个可疑菌落（小于 5 个

全选），分别接种到 5mL BHI 和营养琼脂小斜面，（36±1）℃培养 18～24h。取新鲜配制兔血浆 0.5mL，放入小试管中，再加入 BHI 培养物 0.2～0.3mL，振荡摇匀，置（36±1）℃温箱或水浴箱内，每 0.5h 观察一次，观察 6h，如呈现凝固（即将试管倾斜或倒置时呈现凝块）或凝固体积大于原体积的一半，则判定为阳性结果。同时以血浆凝固酶试验阳性和阴性葡萄球菌菌株的肉汤培养物作为对照。也可用商品化的试剂，按说明书操作，进行血浆凝固酶试验（见图 2-13）。

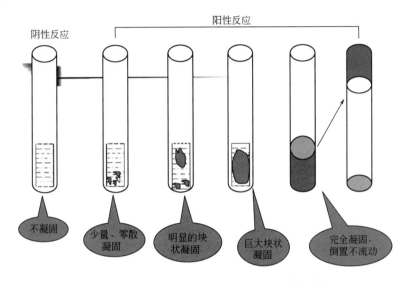

图 2-13　金黄色葡萄球菌血浆凝固酶试验结果判定

结果如可疑，挑取营养琼脂小斜面的菌落接种到 5mL BHI，（36±1）℃培养 18～48h，重复试验。

（6）葡萄球菌肠毒素的检验（选做）　可疑食物中毒样品或产生葡萄球菌肠毒素的金黄色葡萄球菌菌株的鉴定，应按 GB 4789.10—2016 附录 B 检测葡萄球菌肠毒素。

【结果与报告】
① 结果判定：符合［操作步骤］中（4）和（5），可判定为金黄色葡萄球菌。
② 结果报告：在 25g（mL）样品中检出或未检出金黄色葡萄球菌。

任务 2　金黄色葡萄球菌平板计数法检验

【设备和试剂】
同任务 1。

【操作步骤】
金黄色葡萄球菌平板计数法检验程序见图 2-14。

（1）样品的稀释
① 固体或半固体食品：以无菌操作称取 25g 样品，放入装有 225mL 7.5% 氯化钠肉汤的无菌均质杯内，8000～10000r/min 均质 1～2min，或放入装有 225mL 7.5% 氯化钠肉汤的无菌均质袋内，用拍击式均质器拍打 1～2min。

② 液体食品：用灭菌吸管吸取 25mL 样品，放入装有 225mL 灭菌生理盐水的灭菌玻璃瓶内（瓶内预置适当数量的玻璃珠），经充分振摇制成 1∶10 样品匀液。

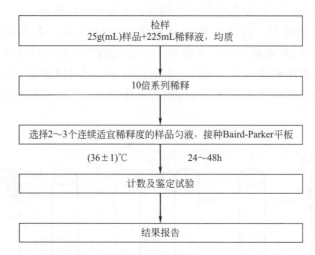

图 2-14　金黄色葡萄球菌平板计数法检验程序

③ 用 1mL 无菌吸管或微量移液器吸取 1∶10 样品匀液 1mL，沿管壁缓慢注于盛有 9mL 磷酸盐缓冲液或生理盐水的无菌试管中（注意吸管或吸头尖端不要触及稀释液面），振摇试管或换用 1 支 1mL 无菌吸管反复吹打使其混合均匀，制成 1∶100 的样品匀液。

④ 按③操作程序，制备 10 倍系列稀释样品匀液。每递增稀释一次，换用 1 支 1mL 无菌吸管或吸头。

（2）样品的接种　根据对样品污染状况的估计，选择 2～3 个适宜稀释度的样品匀液（液体样品可包括原液），在进行 10 倍递增稀释的同时，每个稀释度分别吸取 1mL 样品匀液以 0.3mL、0.3mL、0.4mL 接种量分别接种三块 Baird-Parker 平板，然后用无菌涂布棒涂布整个平板，注意不要触及平板边缘。使用前，如 Baird-Parker 平板表面有水珠，可放在 25～50℃的培养箱里干燥，直到平板表面的水珠消失。

（3）培养　通常情况下，涂布后，将平板静置 10min，如样液不易吸收，可将平板放在培养箱（36±1）℃培养 1h；等样品匀液吸收后翻转平板，倒置后于（36±1）℃培养 24～48h。

（4）典型菌落计数和确认

① 金黄色葡萄球菌在 Baird-Parker 平板上呈圆形，表面光滑、凸起、湿润，菌落直径为 2～3mm，颜色呈灰黑色至黑色，有光泽，常有浅色（非白色）的边缘，周围绕以不透明圈（沉淀），其外常有一清晰带。当用接种针触及菌落时具有黄油样黏稠感。有时可见到不分解脂肪的菌株，除没有不透明圈和清晰带外，其他外观基本相同。从长期贮存的冷冻或脱水食品中分离的菌落，其黑色常较典型菌落浅些，且外观可能较粗糙，质地较干燥。

② 选择有典型的金黄色葡萄球菌菌落的平板，且同一稀释度下 3 个平板所有菌落数合计在 20～200CFU 之间，计数典型菌落数。

③ 从典型菌落中至少选 5 个可疑菌落（小于 5 个全选）进行鉴定试验。分别做染色镜检、血浆凝固酶试验（见任务 1）；同时划线接种到血平板（36±1）℃培养 18～24h 后观察菌落形态，金黄色葡萄球菌菌落较大，圆形、光滑凸起、湿润、金黄色（有时为白色），菌落周围可见完全透明溶血圈。

【结果计算】

① 若只有一个稀释度平板的典型菌落数在 20～200CFU 之间，计数该稀释度平板上的

典型菌落，按式（2.24）计算。

② 若最低稀释度平板的典型菌落数小于20CFU，计数该稀释度平板上的典型菌落，按式（2.24）计算。

③ 若某一稀释度平板的典型菌落数大于200CFU，但下一稀释度平板上没有典型菌落，计数该稀释度平板上的典型菌落，按式（2.24）计算。

④ 若某一稀释度平板的典型菌落数大于200CFU，而下一稀释度平板上虽有典型菌落但不在20～200CFU范围内，计数该稀释度平板上的典型菌落，按式（2.24）计算。

⑤ 若2个连续稀释度的平板典型菌落数均在20～200CFU之间，按式（2.25）计算。

⑥ 计算公式

$$T = \frac{AB}{Cd} \tag{2.24}$$

式中　T——样品中金黄色葡萄球菌菌落数；

　　　A——某一稀释度典型菌落的总数；

　　　B——某一稀释度鉴定为阳性的菌落数；

　　　C——某一稀释度用于鉴定试验的菌落数；

　　　d——稀释因子。

$$T = \frac{\dfrac{A_1 B_1}{C_1} + \dfrac{A_2 B_2}{C_2}}{1.1d} \tag{2.25}$$

式中　T——样品中金黄色葡萄球菌菌落数；

　　　A_1——第一稀释度（低稀释倍数）典型菌落的总数；

　　　B_1——第一稀释度（低稀释倍数）鉴定为阳性的菌落数；

　　　C_1——第一稀释度（低稀释倍数）用于鉴定试验的菌落数；

　　　A_2——第二稀释度（高稀释倍数）典型菌落的总数；

　　　B_2——第二稀释度（高稀释倍数）鉴定为阳性的菌落数；

　　　C_2——第二稀释度（高稀释倍数）用于鉴定试验的菌落数；

　　　1.1——计算系数；

　　　d——稀释因子（第一稀释度）。

【报告】

根据［结果计算］中公式计算结果，报告每g（mL）样品中金黄色葡萄球菌数，以CFU/g（mL）表示；如T值为0，则以小于1乘以最低稀释倍数报告。

任务3　金黄色葡萄球菌 MPN 计数

【操作步骤】

（1）样品的稀释

① 固体或半固体食品：以无菌操作称取25g样品，放入装有225mL 7.5%氯化钠肉汤的无菌均质杯内，8000～10000r/min均质1～2min，或放入装有225mL 7.5%氯化钠肉汤的无菌均质袋内，用拍击式均质器拍打1～2min。

② 液体食品：用灭菌吸管吸取25mL样品，放入装有225mL灭菌生理盐水的灭菌玻璃瓶内（瓶内预置适当数量的玻璃珠），经充分振摇制成1∶10样品匀液。

③ 用 1mL 无菌吸管或微量移液器吸取 1:10 样品匀液 1mL，沿管壁缓慢注于盛有 9mL 磷酸盐缓冲液或生理盐水的无菌试管中（注意吸管或吸头尖端不要触及稀释液面），振摇试管或换用 1 支 1mL 无菌吸管反复吹打使其混合均匀，制成 1:100 的样品匀液。

④ 按③操作程序，制备 10 倍系列稀释样品匀液。每递增稀释一次，换用 1 支 1mL 无菌吸管或吸头。

（2）接种和培养

① 根据对样品污染状况的估计，选择 3 个适宜稀释度的样品匀液（液体样品可包括原液），在进行 10 倍递增稀释的同时，每个稀释度分别接种 1mL 样品匀液至 7.5% 氯化钠肉汤管（如接种量超过 1mL，则用双料 7.5% 氯化钠肉汤），每个稀释度接种 3 管，将上述接种物于 (36±1)℃培养，18~24h。

② 用接种环从培养后的 7.5% 氯化钠肉汤管中分别取培养物 1 环，移种于 Baird-Parker 平板 (36±1)℃培养，24~48h。

③ 典型菌落确认按任务 2 进行。

【结果与报告】

根据证实为金黄色葡萄球菌阳性的试管管数，查 MPN 检索表（表 2-18），报告每 g (mL) 样品中金黄色葡萄球菌的最可能数，以 MPN/g (mL) 表示。

表 2-18 金黄色葡萄球菌最可能数（MPN）检索表

阳性管数			MPN	95% 置信区间		阳性管数			MPN	95% 置信区间	
0.1	0.01	0.001		下限	上限	0.1	0.01	0.001		下限	上限
0	0	0	<3.0	—	9.5	2	2	0	21	4.5	42
0	0	1	3.0	0.15	9.6	2	2	1	28	8.7	94
0	1	0	3.0	0.15	11	2	2	2	35	8.7	94
0	1	1	6.1	1.2	18	2	3	0	29	8.7	94
0	2	0	6.2	1.2	18	2	3	1	36	8.7	94
0	3	0	9.4	3.6	38	3	0	0	23	4.6	94
1	0	0	3.6	0.17	18	3	0	1	38	8.7	110
1	0	1	7.2	1.3	18	3	0	2	64	17	180
1	0	2	11	3.6	38	3	1	0	43	9	180
1	1	0	7.4	1.3	20	3	1	1	75	17	200
1	1	1	11	3.6	38	3	1	2	120	37	420
1	2	0	11	3.6	42	3	1	3	160	40	420
1	2	1	15	4.5	42	3	2	0	93	18	420
1	3	0	16	4.5	42	3	2	1	150	37	420
2	0	0	9.2	1.4	38	3	2	2	210	40	430
2	0	1	14	3.6	42	3	2	3	290	90	1000
2	0	2	20	4.5	42	3	3	0	240	42	1000
2	1	0	15	3.7	42	3	3	1	460	90	2000
2	1	1	20	4.5	42	3	3	2	1100	180	4100
2	1	2	27	8.7	94	3	3	3	>1100	420	—

注：1. 本表采用 3 个稀释度 [0.1g(mL)、0.01g(mL) 和 0.001g(mL)]，每个稀释度接种 3 管。

2. 表内所列检样量如改用 1g(mL)、0.1g(mL) 和 0.01g(mL) 时，表内数字应相应降低 10 倍；如改用 0.01g (mL)、0.001g(mL)、0.0001g(mL) 时，则表内数字应相应升高 10 倍，其余类推。

182

任务 4　葡萄球菌肠毒素检验

【试剂和仪器】

(1) 试剂　除另有规定外，所用试剂均为分析纯，试验用水应符合 GB/T 6682—2008
对一级水的规定。

① A、B、C、D、E 型金黄色葡萄球菌肠毒素分型 ELISA 检测试剂盒。

② pH 试纸。范围在 3.5～8.0，精度为 0.1。

③ 0.25mol/L、pH 8.0 的 Tris 缓冲液。Tris 中文名为三（羟甲基）氨基甲烷，将
121.1g 的 Tris 溶于 800mL 的去离子水中，待温度冷却至室温后，加 42mL 浓 HCl，调 pH
值至 8.0。

④ pH 7.4 的 PBS 缓冲液。PBS (phosphate buffer saline) 缓冲液的中文名为磷酸盐缓
冲液，称取 $NaH_2PO_4 \cdot H_2O$ 0.55g（或 $NaH_2PO_4 \cdot 2H_2O$ 0.62g）、$Na_2HPO_4 \cdot 2H_2O$
2.85g（或 $Na_2HPO_4 \cdot 12H_2O$ 5.73g）、NaCl 8.7g 溶于 1000mL 蒸馏水中，充分混匀即可。

⑤ 庚烷。

⑥ 10％次氯酸钠溶液。

⑦ 2mol/L 硫酸终止液。量取 108.7mL 浓硫酸（98％），缓慢倒入盛有约 600mL 水的
烧杯中同时不断搅拌，等溶液冷却至室温后转移至 1L 容量瓶中，用少量水冲洗烧杯壁两
次，冲洗液也倒入容量瓶，添水至刻度即可。

⑧ 肠毒素产毒培养基

a. 成分

蛋白胨	20.0g
胰消化酪蛋白	200mg（氨基酸）
氯化钠	5.0g
磷酸氢二钾	1.0g
磷酸二氢钾	1.0g
氯化钙	0.1g
硫酸镁	0.2g
菸酸（尼克酸）	0.01g
蒸馏水	1000mL

pH 7.3±0.2

b. 制法。将所有成分混于水中，溶解后调节 pH，121℃高压灭菌 30min。

⑨ 营养琼脂

a. 成分

蛋白胨	10.0g
牛肉膏	3.0g
氯化钠	5.0g
琼脂	15.0～20.0g
蒸馏水	1000mL

b. 制法。将除琼脂以外的各成分溶解于蒸馏水内，加入 15％氢氧化钠溶液约 2mL 校正
pH 值至 7.3±0.2。加入琼脂，加热煮沸，使琼脂熔化。用锥形瓶分装，121℃高压灭

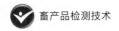

菌 15min。

（2）仪器

① 电子天平。感量为 0.01g。

② 均质器。

③ 离心机。转速 3000～5000g。

④ 离心管。50mL。

⑤ 滤器。滤膜孔径 0.2μm。

⑥ 微量加样器。20～200μL、200～1000μL。

⑦ 微量多通道加样器。50～300μL。

⑧ 自动洗板机（可选择使用）。

⑨ 酶标仪。波长 450nm。

【检测步骤】

（1）从分离菌株培养物中检测葡萄球菌肠毒素方法　将待测菌株接种营养琼脂斜面（试管 18mm×180mm）36℃培养 24h，用 5mL 生理盐水洗下菌落，倾入 60mL 产毒培养基中，36℃振荡培养 48h，振速为 100 次/min，吸出菌液离心，8000r/min，20min，加热 100℃，10min，取上清液，取 100μL 稀释后的样液进行试验。

（2）从食品中提取和检测葡萄球菌肠毒素方法

① 牛乳和乳粉。将 25g 乳粉溶解到 125mL、0.25mol/L、pH 8.0 的 Tris 缓冲液中，混匀后同液体牛乳一样按以下步骤制备。将牛乳于 15℃、3500g 离心 10min。将表面形成的一层脂肪层移走，变成脱脂牛乳。用蒸馏水对其进行稀释（1∶20）。取 100μL 稀释后的样液进行试验。

② 脂肪含量不超过 40% 的食品。称取 10g 样品绞碎，加入 pH 7.4 的 PBS 液 15mL 进行均质。振摇 15min。于 15℃、3500g 离心 10min。必要时，移去上面脂肪层。取上清液进行过滤除菌。取 100μL 滤出液进行试验。

③ 脂肪含量超过 40% 的食品。称取 10g 样品绞碎，加入 pH 7.4 的 PBS 液 15mL 进行均质。振摇 15min，于 15℃、3500g 离心 10min。吸取 5mL 上层悬浮液，转移到另一个离心管中，再加入 5mL 的庚烷，充分混匀 5min。于 15℃、3500g 离心 5min。将上部有机相（庚烷层）全部弃去，注意该过程中不要残留庚烷。将下部水相层进行过滤除菌。取 100μL 滤出液进行试验。

④ 其他食品可酌情参考上述食品处理方法。

（3）检测

① 注意事项。所有操作均应在室温（20～25℃）下进行，A、B、C、D、E 型金黄色葡萄球菌肠毒素分型 ELISA 检测试剂盒中所有试剂的温度均应回升至室温方可使用。测定中吸取不同试剂和样品溶液时应更换吸头，用过的吸头以及废液处理前要先浸泡到 10% 次氯酸钠溶液中过夜。

② 加样、孵育。将所需数量的微孔条插入框架中（一个样品需要一个微孔条）。将样品液加入微孔条的 A～G 孔，每孔 100μL。H 孔加 100μL 的阳性对照，用手轻拍微孔板充分混匀，用黏胶纸封住微孔以防溶液挥发，置室温下孵育 1h。

③ 洗板。将孔中液体倾倒至含 10% 次氯酸钠溶液的容器中，并在吸水纸上拍打几次以确保孔内不残留液体。每孔用多通道加样器注入 250μL 的洗液，再倾倒掉并在吸水纸上拍

干。重复以上洗板操作 4 次。本步骤也可由自动洗板机完成。

④ 与辣根过氧化物酶标记物（二抗）结合。每孔加入 100μL 的酶标抗体，用手轻拍微孔板充分混匀，置室温下孵育 1h。

⑤ 洗板。重复③的洗板程序。

⑥ 显色。加 50μL 的 TMB 底物（$3,3',5,5'$-四甲基联苯胺，试剂盒自带）和 50μL 的发色剂（试剂盒自带）至每个微孔中，轻拍混匀，于室温黑暗避光处孵育 30min。

⑦ 测量。加入 100μL 的 2mol/L 硫酸终止液，轻拍混匀，30min 内用酶标仪在 450nm 波长条件下测量每个微孔溶液的 OD 值。

（4）结果的计算和表述

① 质量控制。测试结果阳性质控的 OD 值要大于 0.5，阴性质控的 OD 值要小于 0.3，如果不能同时满足以上要求，测试的结果不被认可。对阳性结果要排除内源性过氧化物酶的干扰。

② 临界值的计算。每一个微孔条的 F 孔和 G 孔为阴性质控，两个阴性质控 OD 值的平均值加上 0.15 为临界值。示例：阴性质控 1＝0.08，阴性质控 2＝0.10，平均值＝0.09，临界值＝0.09＋0.15＝0.24。

③ 结果表述。OD 值小于临界值的样品孔判为阴性，表述为样品中未检出某型金黄色葡萄球菌肠毒素；OD 值大于或等于临界值的样品孔判为阳性，表述为样品中检出某型金黄色葡萄球菌肠毒素。

（5）生物安全　因样品中不排除有其他潜在的传染性物质存在，所以要严格按照 GB 19489—2008《实验室 生物安全通用要求》对废弃物进行处理。

项目十

肉类罐头食品商业无菌检验

知识点　低酸性罐藏食品和酸性罐藏食品

1. 低酸性罐藏食品

除酒精、饮料以外，凡杀菌后平衡 pH 值大于 4.6、水分活度大于 0.85 的罐藏食品，原来是低酸性的水果、蔬菜或蔬菜制品，为加热杀菌的需要而加酸降低 pH 的，均属于低酸性罐藏食品。

2. 酸性罐藏食品

杀菌后平衡 pH 值等于或小于 4.6 的罐藏食品。pH 值小于 4.7 的番茄、梨和菠萝以及由其制成的汁和 pH 值小于 4.9 的无花果均属于酸性罐藏食品。

任务 1　肉类罐头食品商业无菌检验

【设备和材料】

① 冰箱：2~5℃。

② 恒温培养箱：(30±1)℃、(36±1)℃、(55±1)℃。

③ 恒温水浴箱：(55±1)℃。

④ 均质器及无菌均质袋、均质杯或研钵。

⑤ 电位 pH 计：精度 pH 0.05 单位。

⑥ 显微镜（带油镜头）。

⑦ 开罐器和灭菌剪刀。

⑧ 电子秤或天平。

⑨ 超净工作台或百级洁净实验室。

【培养基和试剂】

① 结晶紫染色液

a. 成分

结晶紫	1.0g
95%乙醇	20.0mL
1%草酸铵溶液	80.0mL

b. 制法。将 1.0g 结晶紫完全溶解于 95%乙醇中，再与 1%草酸铵溶液混合。

② 无菌生理盐水

a. 成分

氯化钠   8.5g

蒸馏水   1000.0mL

b. 制法。称取 8.5g 氯化钠溶于 1000.0mL 蒸馏水中，121℃高压灭菌 15min。

③ 二甲苯。

④ 含 4%碘的乙醇溶液：4g 碘溶于 100mL 的 70%乙醇溶液中。

【检验程序】

商业无菌检验程序见图 2-15。

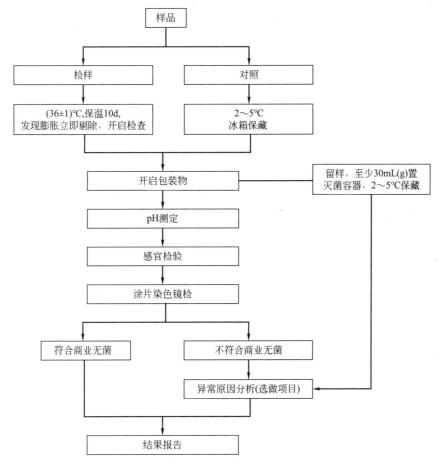

图 2-15 商业无菌检验程序

【操作步骤】

(1) 样品准备 去除表面标签，在包装容器表面用防水的油性记号笔做好标记，并记录容器、编号、产品性状、泄漏情况，是否有小孔或锈蚀、压痕、膨胀及其他异常情况。

(2) 称重 1kg 及以下的包装物精确到 1g，1kg 以上 10kg 以下的包装物精确到 2g，10kg 以上的包装物精确到 10g，并记录。

(3) 保温

① 每个批次取 1 个样品置 2～5℃冰箱保存作为对照，将其余样品在（36±1）℃下保温 10d。保温过程中应每天检查，如有膨胀或泄漏现象，应立即剔除，开启检查。

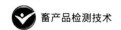

② 保温结束时，再次称重并记录，比较保温前后样品质量有无变化。如有变轻，表明样品发生泄漏。将所有包装物置于室温直至开启检查。

（4）开启

① 如有膨胀样品，则将样品先置于 2～5℃冰箱内冷藏数小时后开启。

② 用冷水和洗涤剂清洗待检样品的光滑面。水冲洗后用无菌毛巾擦干。以含 4％碘的乙醇溶液浸泡消毒光滑面 15min 后用无菌毛巾擦干，在密闭罩内点燃至表面残余的碘乙醇溶液全部燃烧完。膨胀样品以及采用易燃包装材料包装的样品不能灼烧，以含 4％碘的乙醇溶液浸泡消毒光滑面 30min 后用无菌毛巾擦干。

③ 在超净工作台或百级洁净实验室中开启。带汤汁的样品开启前应适当振摇。使用无菌开罐器在消毒后的罐头光滑面开启一个适当大小的口，开罐时不得伤及卷边结构，每一个罐头单独使用一个开罐器，不得交叉使用。如样品为软包装，可以使用灭菌剪刀开启，不得损坏接口处。开启后立即在开口上方嗅闻气味，并记录。

注意，严重膨胀样品可能会发生爆炸，喷出有毒物。可以采取在膨胀样品上盖一条灭菌毛巾或者用一个无菌漏斗倒扣在样品上等措施来防止这类危险的发生。

（5）留样 开启后，用灭菌吸管或其他适当工具以无菌操作取出内容物至少 30mL（g）至灭菌容器内，保存于 2～5℃冰箱中，在需要时可用于进一步试验，待该批样品得出检验结论后可弃去。开启后的样品可进行适当的保存，以备日后容器检查时使用。

（6）感官检验 在光线充足、空气清洁无异味的检验室中，将样品内容物倾入白色搪瓷盘内，对产品的组织、形态、色泽和气味等进行观察和嗅闻，按压食品检查产品性状，鉴别食品有无腐败变质的迹象，同时观察包装容器内部和外部的情况，并记录。

（7）pH 测定

① 将电极插入被测试样液中，并将 pH 计的温度校正器调节到被测液的温度。如果仪器没有温度校正系统，被测试样液的温度应调到（20±2）℃的范围内，采用适合于所用 pH 计的步骤进行测定。当读数稳定后，从仪器的标度上直接读出 pH，精度为 pH 0.05 单位。

② 同一个制备试样至少进行两次测定。两次测定结果之差应不超过 pH 0.1 单位。取两次测定的算术平均值作为结果，报告精度为 pH 0.05 单位。

③ 分析结果

与同批冷藏保存对照样品相比，判断是否有显著差异。pH 相差 0.5 及以上判定为有显著差异。

（8）涂片染色镜检

① 涂片。取样品内容物进行涂片。带汤汁的样品可用接种环挑取汤汁涂于载玻片上；固态食品可直接涂片或用少量灭菌生理盐水稀释后涂片，待干后用火焰固定；油脂性食品涂片自然干燥并用火焰固定后，用二甲苯流洗，自然干燥。

② 染色镜检。对涂片用结晶紫染色液进行单染色，干燥后镜检，至少观察 5 个视野，记录菌体的形态特征以及每个视野的菌数。与同批冷藏保存对照样品相比，判断是否有明显的微生物增殖现象。菌数有百倍或百倍以上的增长则判定为明显增殖。

【结果判定】

样品经保温试验未出现泄漏；保温后开启，经感官检验、pH 测定、涂片染色镜检，确证无微生物增殖现象，则可报告该样品为商业无菌。

样品经保温试验出现泄漏；保温后开启，经感官检验、pH 测定、涂片染色镜检，确证有微生物增殖现象，则可报告该样品为非商业无菌。若需核查样品出现膨胀、pH 或感官异常、微生物增殖等原因，可取样品内容物的留样按照任务 2 进行接种培养并报告。若需判定样品包装容器是否出现泄漏，可取开启后的样品按照任务 2 进行密封性检查并报告。

任务 2　肉类罐头食品商业无菌检验异常原因分析

【培养基和试剂】

(1) 溴甲酚紫葡萄糖肉汤

① 成分

蛋白胨	10.0g
牛肉膏	3.0g
葡萄糖	10.0g
氯化钠	5.0g
溴甲酚紫	0.04g（或 1.6％乙醇溶液 2.0mL）
蒸馏水	1000.0mL

② 制法。将除溴甲酚紫外的各成分加热搅拌溶解，校正 pH 值至 7.0±0.2，加入溴甲酚紫，分装于带有杜氏发酵管的试管中，每管 10mL，121℃高压灭菌 10min。

(2) 庖肉培养基

① 成分

牛肉浸液	1000.0mL
蛋白胨	30.0g
酵母膏	5.0g
葡萄糖	3.0g
磷酸二氢钠	5.0g
可溶性淀粉	2.0g
碎肉渣	适量

② 制法

a. 称取新鲜除脂肪和筋膜的碎牛肉 500g，加蒸馏水 1000mL 和 1mol/L 氢氧化钠溶液 25.0mL，搅拌煮沸 15min，充分冷却，除去表层脂肪，澄清、过滤，加水补足至 1000mL，即为牛肉浸液。加入除碎肉渣外的各种成分，校正 pH 值至 7.8±0.2。

b. 碎肉渣经水洗后晾至半干，分装 15mm×150mm 试管约 2～3cm 高，每管加入还原铁粉 0.1～0.2g 或铁屑少许。将配制好的液体培养基分装至每管内超过碎肉渣表面约 1cm，上面覆盖溶化的凡士林或液体石蜡 0.3～0.4cm。121℃高压灭菌 15min。

(3) 营养琼脂

① 成分

蛋白胨	10.0g
牛肉膏	3.0g
氯化钠	5.0g
琼脂	15.0～20.0g
蒸馏水	1000.0mL

② 制法。将除琼脂以外的各成分溶解于蒸馏水内，加入 15％氢氧化钠溶液约 2mL，校

正 pH 值至 7.2～7.4。加入琼脂，加热煮沸，使琼脂熔化。分装烧瓶或 13mm×130mm 试管，121℃高压灭菌 15min。

（4）酸性肉汤

① 成分

多价蛋白胨	5.0g
酵母膏	5.0g
葡萄糖	5.0g
磷酸二氢钾	5.0g
蒸馏水	1000.0mL

② 制法。将各成分加热搅拌溶解，校正 pH 值至 5.0±0.2，121℃高压灭菌 15min。

（5）麦芽浸膏汤

① 成分

麦芽浸膏	15.0g
蒸馏水	1000.0mL

② 制法。将麦芽浸膏在蒸馏水中充分溶解，滤纸过滤，校正 pH 值至 4.7±0.2，分装，121℃高压灭菌 15min。

（6）沙氏葡萄糖琼脂

① 成分

蛋白胨	10.0g
琼脂	15.0g
葡萄糖	40.0g
蒸馏水	1000.0mL

② 制法。将各成分在蒸馏水中溶解，加热煮沸，分装在烧瓶中，校正 pH 值至 5.6±0.2，121℃高压灭菌 15min。

（7）肝小牛肉琼脂

① 成分

肝浸膏	50.0g
小牛肉浸膏	50.0g
胨蛋白胨	20.0g
新蛋白胨	1.3g
胰蛋白胨	1.3g
葡萄糖	5.0g
可溶性淀粉	10.0g
等离子酪蛋白	2.0g
氯化钠	5.0g
硝酸钠	2.0g
明胶	20.0g
琼脂	15.0g
蒸馏水	1000.0mL

② 制法。在蒸馏水中将各成分混合，校正 pH 值至 7.3±0.2，121℃灭菌 15min。

(8) 革兰氏染色液

① 结晶紫染色液

a. 成分

结晶紫	1.0g
95%乙醇	20.0mL
1%草酸铵溶液	80.0mL

b. 制法。将 1.0g 结晶紫完全溶解于 95%乙醇中,再与 1%草酸铵溶液混合。

② 革兰氏碘液

a. 成分

碘	1.0g
碘化钾	2.0g
蒸馏水	300.0mL

b. 制法。将 1.0g 碘与 2.0g 碘化钾混合,加入蒸馏水少许充分振摇,待完全溶解后,再加蒸馏水至 300.0mL。

③ 沙黄对比染色液

a. 成分

沙黄	0.25g
95%乙醇	10.0mL
蒸馏水	90.0mL

b. 制法。将 0.25g 沙黄溶解于 95%乙醇中,然后用蒸馏水稀释。

④ 染色法

a. 将涂片在火焰上固定,滴加结晶紫染色液,染 1min,水洗。

b. 滴加革兰氏碘液,作用 1min,水洗。

c. 滴加 95%乙醇脱色约 15~30s,直至染色液被洗掉(不要过分脱色),水洗。

d. 滴加沙黄对比染色液,对比染色 1min,水洗、待干、镜检。

【低酸性罐藏食品的接种培养 (pH 值大于 4.6)】

(1) 接种和培养 每份样品接种 4 管预先加热到 100℃并迅速冷却到室温的庖肉培养基,同时接种 4 管溴甲酚紫葡萄糖肉汤。每管接种 1~2mL(g) 样品(液体样品为 1~2mL;固体样品为 1~2g;两者皆有时,应各取一半)。培养条件见表 2-19。

表 2-19 低酸性罐藏食品(pH 值＞4.6)接种庖肉培养基和溴甲酚紫葡萄糖肉汤的培养条件

培养基	管数	培养温度/℃	培养时间/h
庖肉培养基	2	36±1	90~120
庖肉培养基	2	55±1	24~72
溴甲酚紫葡萄糖肉汤	2	55±1	24~48
溴甲酚紫葡萄糖肉汤	2	36±1	96~120

(2) 观察和记录 经过表 2-19 中规定的培养条件培养后,记录每管有无微生物生长。如果没有微生物生长,则记录后弃去。

如果有微生物生长，以接种环蘸取液体涂片，革兰氏染色镜检。如在溴甲酚紫葡萄糖肉汤管中观察到不同的微生物形态或单一的球菌、真菌形态，则记录并弃去；在庖肉培养基中未发现杆菌，培养物内含有球菌、酵母、霉菌或其混合物，则记录并弃去。将溴甲酚紫葡萄糖肉汤和庖肉培养基中出现生长微生物的其他各阳性管分别划线接种2块肝小牛肉琼脂或营养琼脂平板，一块平板作需氧培养，另一块平板作厌氧培养。培养程序见图2-16。

挑取需氧培养中单个菌落，接种营养琼脂小斜面，用于后续的革兰氏染色镜检；挑取厌氧培养中的单个菌落涂片，革兰氏染色镜检。挑取需氧和厌氧培养中的单个菌落，接种庖肉培养基，进行纯培养。

挑取营养琼脂小斜面和厌氧培养的庖肉培养基中的培养物涂片镜检。

挑取纯培养中的需氧培养物接种肝小牛肉琼脂或营养琼脂平板，进行厌氧培养；挑取纯培养中的厌氧培养物接种肝小牛肉琼脂或营养琼脂平板，进行需氧培养。以鉴别是否为兼性厌氧菌。

如果需检测梭状芽孢杆菌的肉毒毒素，挑取典型菌落接种庖肉培养基作纯培养。36℃培养5d，按照GB/T 4789.12—2016进行肉毒毒素检验。

【酸性罐藏食品的接种培养（pH值小于或等于4.6）】

(1) 接种　每份样品接种4管酸性肉汤和2管麦芽浸膏汤。每管接种1～2mL(g)样品（液体样品为1～2mL；固体样品为1～2g；两者皆有时，应各取一半）。

(2) 培养　经过表2-20中规定的培养条件培养后，记录每管有无微生物生长。如果没有微生物生长，则记录后弃去。

表2-20　酸性罐藏食品（pH值≤4.6）接种酸性肉汤和麦芽浸膏汤的培养条件

培养基	管数	培养温度/℃	培养时间/h
酸性肉汤	2	55±1	48
酸性肉汤	2	30±1	96
麦芽浸膏汤	2	30±1	96

(3) 镜检观察　对有微生物生长的培养管，取培养后的内容物直接涂片，革兰氏染色镜检，记录观察到的微生物。

(4) 嗜温需氧菌和嗜温厌氧菌分离　如果在30℃培养条件下，酸性肉汤或麦芽浸膏汤中有微生物生长，将各阳性管分别接种2块营养琼脂或沙氏葡萄糖琼脂平板，一块作需氧培养，另一块作厌氧培养。对有微生物生长的平板进行涂片镜检，并报告镜检所见微生物类型。

(5) 嗜热需氧菌和嗜热厌氧菌分离　如果在55℃培养条件下，酸性肉汤中有微生物生长，将各阳性管分别接种2块营养琼脂平板，一块作需氧培养，另一块作厌氧培养。对有微生物生长的平板进行涂片镜检，并报告镜检所见微生物类型。培养程序见图2-17。

(6) 扩培

① 挑取30℃需氧培养的营养琼脂或沙氏葡萄糖琼脂平板中的单个菌落，接种营养琼脂小斜面，用于后续的革兰氏染色镜检。同时接种酸性肉汤或麦芽浸膏汤进行纯培养。

② 挑取30℃厌氧培养的营养琼脂或沙氏葡萄糖琼脂平板中的单个菌落，接种酸性肉汤或麦芽浸膏汤进行纯培养。

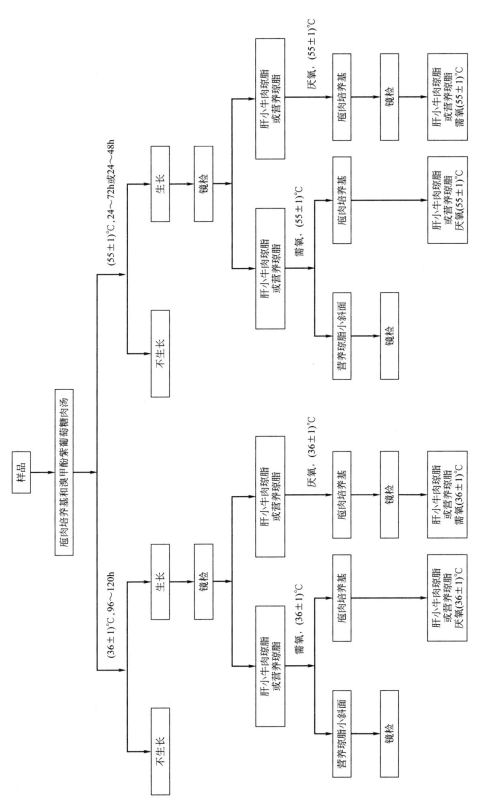

图 2-16　低酸性罐藏食品接种培养程序

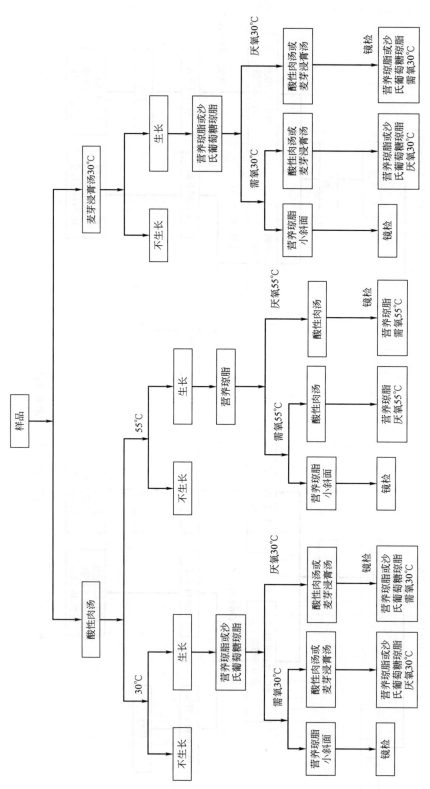

图 2-17　酸性罐藏食品接种培养程序

③ 挑取 55℃需氧培养的营养琼脂平板中的单个菌落，接种营养琼脂小斜面，用于后续的革兰氏染色镜检。同时接种酸性肉汤进行纯培养。

④ 挑取 55℃厌氧培养的营养琼脂平板中的单个菌落，接种酸性肉汤进行纯培养。

(7) 镜检　挑取营养琼脂小斜面中的培养物涂片镜检，挑取 30℃厌氧培养的酸性肉汤或麦芽浸膏汤培养物和 55℃厌氧培养的酸性肉汤培养物涂片镜检。

(8) 鉴别是否为兼性厌氧菌　将 30℃需氧培养的纯培养物接种于营养琼脂或沙氏葡萄糖琼脂平板中进行厌氧培养，将 30℃厌氧培养的纯培养物接种于营养琼脂或沙氏葡萄糖琼脂平板中进行需氧培养；将 55℃需氧培养的纯培养物接种于营养琼脂中进行厌氧培养，将 55℃厌氧培养的纯培养物接种于营养琼脂中进行需氧培养，以鉴别是否为兼性厌氧菌。

兼性厌氧菌既可以在有氧条件下进行新陈代谢，又可以在无氧状态下进行新陈代谢。但在这两种情况下，体内的生化反应是不同的，即产能途径不同。可以根据镜检和培养结果做出判断。

【结果分析】

(1) 物理性膨胀和杀菌前腐败　如果在膨胀的样品里没有发现微生物生长，膨胀可能是内容物和包装发生反应产生氢气造成的。产生氢气的量随贮存时间的长短和存贮条件而变化。填装过满也可能导致轻微的膨胀，可以通过称重来确定是否由于填装过满所致。在直接涂片中看到有大量细菌的混合菌相，但是经培养后不生长，表明是杀菌前发生的腐败。由于密闭包装前细菌生长，导致产品的 pH、气味和组织形态呈现异常。

(2) 杀菌不足性腐败　包装容器密封性良好时，在 36℃培养条件下若只有芽孢杆菌生长，且它们的耐热性不高于肉毒梭菌，则表明生产过程中杀菌不足。

(3) 包装容器泄漏　培养出现杆菌和球菌、真菌的混合菌落，表明包装容器发生泄漏。也有可能是杀菌不足所致，但在这种情况下同批产品的膨胀率将很高。

(4) 导致腐败细菌判定　在 36℃或 55℃溴甲酚紫葡萄糖肉汤培养观察产酸产气情况，如有产酸，表明是有嗜中温微生物（如嗜温耐酸芽孢杆菌），或者嗜热微生物［如嗜热脂肪芽孢杆菌（Bacillus stearothermophilus）］生长。在 55℃疱肉培养基上有细菌生长并产气，发出腐烂气味，表明样品腐败是由嗜热的厌氧梭菌所致。

在 36℃疱肉培养基上生长并产生带腐烂气味的气体，镜检可见芽孢，表明腐败可能是由肉毒梭菌、生孢梭菌或产气荚膜梭菌引起的。有需要可以进一步进行肉毒毒素检测。

(5) 酸性罐藏食品的变质原因　酸性罐藏食品的变质通常是由无芽孢的乳杆菌和酵母所致。一般在 pH 值低于 4.6 的情况下不会发生由芽孢杆菌引起的变质，但变质的番茄酱或番茄汁罐头并不出现膨胀，但有腐臭味，伴有或不伴有 pH 降低，一般是由需氧的芽孢杆菌所致。

(6) 引起腐败的嗜热菌　许多罐藏食品中含有嗜热菌，在正常的贮存条件下不生长，但当产品暴露于较高的温度（50～55℃）时，嗜热菌就会生长并引起腐败。嗜热耐酸的芽孢杆菌和嗜热脂肪芽孢杆菌分别在酸性和低酸性的食品中引起腐败但是并不出现包装容器膨胀。在 55℃培养时不会引起包装容器外观的改变，但会产生臭味，伴有或不伴有 pH 的降低。番茄、梨、无花果和菠萝等罐头的腐败变质有时是由于巴斯德梭菌引起。嗜热解糖梭状芽孢杆菌就是一种嗜热厌氧菌，能够引起膨胀和产生产品的腐烂气味。嗜热厌氧菌也能产气，由于在细菌开始生长之后迅速增殖，可能混淆膨胀是由于氢气还是嗜热厌氧菌产气引起的。化学物质分解将产生二氧化碳，尤其是集中发生在含糖和一些酸的食品如番茄酱、糖蜜、甜馅

和高糖的水果罐头中。这种分解速度随着温度上升而加快。

（7）关于实验室污染和进一步培养问题　灭菌的真空包装和正常的产品直接涂片，分离出任何微生物都应该怀疑是否实验室污染。为了证实是否为实验室污染，在无菌条件下，将分离出的活微生物接种到另一个正常的对照样品中，密封，在36℃培养14d。如果发生膨胀或产品变质，这些微生物就可能不是来自原始样品。如果样品仍然是平坦的，无菌操作打开样品包装并按上述步骤做再次培养；如果同一种微生物被再次发现并且产品是正常的，认为该产品商业无菌，因为这种微生物在正常的保存和运送过程中不生长。

如果食品本身混浊，肉汤培养可能得不出确定性结论，这种情况需进一步培养以确定是否有微生物生长。

【镀锡薄钢板食品空罐密封性检验方法】

（1）减压试漏　将样品包装罐洗净，36℃烘干。在烘干的空罐内注入清水至体积的80%～90%，将一带橡胶圈的有机玻璃板放置罐头开启端的卷边上，使其保持密封。启动真空泵，关闭放气阀，用手按住盖板，控制抽气，使真空表从0Pa升到$6.8×10^4$Pa的时间在1min以上，并保持此真空度1min以上。倾斜并仔细观察罐体，尤其是卷边及焊缝处，有无气泡产生。凡同一部位连续产生气泡，应判断为泄漏，记录漏气的时间和真空度，并标注漏气部位。

（2）加压试漏　将样品包装罐洗净，36℃烘干。用橡皮塞将空罐的开孔塞紧，将空罐浸没在盛水玻璃缸中，开动空气压缩机，慢慢开启阀门，使罐内压力逐渐加大，直至升至$6.8×10^4$Pa并保持2min。仔细观察罐体，尤其是卷边及焊缝处，有无气泡产生。凡同一部位连续产生气泡，应判断为泄漏，记录漏气开始的时间和压力，并标注漏气部位。

参 考 文 献

[1] GB/T 6682—2008 分析实验室用水规格和试验方法.

[2] GB 601—2016 化学试剂 标准滴定溶液的制备.

[3] GB 5009.239—2016 食品安全国家标准 食品酸度的测定.

[4] 张会，李文. 巴氏杀菌乳感官质量评鉴细则（RHB101—2004）. 北京：中国乳制品工业协会，2004.

[5] 王华，云战友，苏光宇. 灭菌乳感官质量评鉴细则（RHB102—2004）. 北京：中国乳制品工业协会，2004.

[6] GB 5413.39—2010 食品安全国家标准 乳和乳制品中非脂乳固体的测定.

[7] GB 5009.6—2016 食品安全国家标准 食品中脂肪的测定.

[8] GB 5009.5—2016 食品安全国家标准 食品中蛋白质的测定.

[9] GB 5413.5—2010 食品安全国家标准 婴幼儿食品和乳品中乳糖、蔗糖的测定.

[10] GB 5413.18—2010 食品安全国家标准 婴幼儿食品和乳品中维生素 C 的测定.

[11] GB 5009.267—2016 食品安全国家标准 食品中碘的测定.

[12] GB 5413.38—2016 食品安全国家标准 生乳冰点的测定.

[13] Jones G M. On-farm test for drug residues in milk [J]. Virginia Tech，1995，26（5）：401-404.

[14] 李银生，曾振灵. 兽药残留的现状与危害 [J]. 中国兽药，2002，1（12）：21-23.

[15] 许明贞，等. 广州市牛奶中抗生素残留的现状分析 [J]. 中国食品卫生杂志，1999，3（14）：30-33.

[16] Heeschen W H，Suhren G. Proceedings of a symposium on residues of antimicrobial drugs and other inhibitors in milk [M]. Brussels. International dairy federation，1995：348-350.

[17] Paul Neaves，William Neaves. Comparative sensitivities of delvotest P，delvotest SP and delvotest MCS tests for the detection of antimicrobials in milk [C]. British mastitis conference，1999：97-99.

[18] 马兆瑞. 乳和乳制品中残留抗生素的检测方法 [J]. 中国乳品工业，2003，31（4）：37-40.

[19] 魏文平，龚振明. 胶体金免疫层析法检测兽药残留的原理和方法 [J]. 黑龙江畜牧兽医，2007（8）：41-43.

[20] Milk and milk products-guidance for the standardized description of microbial inhibitor test [S]. Anon：ISO/CD，1998：1396.

[21] GB/T 4789.27—2008 食品卫生微生物学检验 鲜乳中抗生素残留检验.

[22] GB 5413.30—2016 食品安全国家标准 乳和乳制品杂质度的测定.

[23] GB/T 22388—2008 原料乳与乳制品中三聚氰胺检测方法，

[24] GB 5009.24—2016 食品安全国家标准 食品中黄曲霉毒 M 族的测定.

[25] GB 4789.40—2016 食品微生物学检验 克罗诺杆菌属（阪崎肠杆菌）检验.

[26] GB/T 9695.19—2008 肉与肉制品取样方法.

[27] GB/T 22210—2008 肉与肉制品感官评定规范.

[28] GB 2730—2015 食品安全国家标准 腌腊肉制品.

[29] SB/T 10294—2012 腌猪肉.

[30] GB/T 23493—2009 中式香肠.

[31] GB/T 19088—2008 金华火腿.

[32] GB 2726—2016 食品安全国家标准 熟肉制品.

[33] GB/T 23968—2009 肉松.

[34] GB/T 23969—2009 肉干.

[35] GB/T 31406—2015 肉脯.

[36] SB/T 10279—2017 熏煮香肠.

［37］　GB/T 20712—2006 火腿肠．

［38］　GB/T 20711—2006 熏煮火腿．

［39］　GB 5009.228—2016 食品安全国家标准 食品中挥发性盐基氮的测定．

［40］　GB 4789.10—2016 食品安全国家标准 食品微生物学检验金黄色葡萄球菌检验．

［41］　GB 4789.26—2013 食品安全国家标准 食品微生物学检验商业无菌检验．

［42］　王菲菲，韩永霞．乳与乳制品检测技术［M］．北京：化学工业出版社，2018．